解读
Lightroom 6/CC
入门·进阶·精通

王朔中　著

清华大学出版社

北京

内 容 简 介

Lightroom 的全称是 Adobe Photoshop Lightroom，简称 LR，是 Photoshop 家族的一员。Lightroom 专为数码摄影后期处理量身定制，是一个更能贴切满足大多数摄影者需求的高效工作平台。

本书系统介绍 Lightroom 6/CC 的功能，共 6 章，可以分为四部分：预备知识、照片管理、优化修饰、输出分享。本书配有内容完整的在线配套学习资料，方便读者进行交叉参阅。

本书在作者多年使用 Lightroom 的经验和教学体会的基础上编写而成，旨在使初次接触 Lightroom 的读者轻松入门，并逐步熟练掌握；同时帮助有一定基础的读者理清思路，运用自如。

图书在版编目（CIP）数据

解读 Lightroom 6/CC：入门·进阶·精通/王朔中著. —北京：清华大学出版社，2017
ISBN 978-7-302-45623-0

Ⅰ．①解…　Ⅱ．①王…　Ⅲ．①图像处理软件　Ⅳ．①TP391.413

中国版本图书馆 CIP 数据核字（2016）第 283935 号

责任编辑：曾　珊
封面设计：常雪影
责任校对：徐俊伟
责任印制：杨　艳

出版发行：清华大学出版社
　　　　网　　　址：http://www.tup.com.cn，http://www.wqbook.com
　　　　地　　　址：北京清华大学学研大厦 A 座　　　　　　邮　　编：100084
　　　　社 总 机：010-62770175　　　　　　　　　　　　邮　　购：010-62786544
　　　　投稿与读者服务：010-62776969，c-service@tup.tsinghua.edu.cn
　　　　质量反馈：010-62772015，zhiliang@tup.tsinghua.edu.cn
　　　　课件下载：http://www.tup.com.cn，010-62795954
印 装 者：北京亿浓世纪彩色印刷有限公司
经　　销：全国新华书店
开　　本：185mm×260mm　　　　印　张：19.75　　　　字　数：497 千字
版　　次：2017 年 1 月第 1 版　　　　印　次：2017 年 1 月第 1 次印刷
印　　数：1～2500
定　　价：79.00 元

产品编号：069772-01

前言
FOREWORD

你是否为数以万计的数码照片难以管理而发愁？你是否经常为各种不同目的而复制、移动、重新命名照片，使电脑里充斥同一照片的多个版本？你能很快找到几年前拍摄的某张照片吗？你是否发现坐在电脑前整理和修饰照片花费的时间大大超过了拍摄时间，从而使摄影的乐趣大打折扣？你是否发现后期处理 RAW 格式很麻烦，因而宁愿拍摄 JPEG 而放弃相机应有的优越性能？你是否有多种输出分享的需求，如网上传输、打印成册、制作视频、幻灯放映等？如果这些是你要解决的问题，Lightroom 就是你的首选。

Lightroom 的全称是 Adobe Photoshop Lightroom，可见它是 Photoshop 家族的一员，简称 LR。最初的 Beta 版于 2006 年推出，2007 年发布了 1.0 版，随后分别于 2008、2010、2012、2013 年陆续升级到 2.0、3.0、4.0、5.0 版。从 4.0 版开始启用的新版处理引擎（Process Version 2012）不再支持 Windows XP。

Adobe 公司在发布 Photoshop CS6 之后，从 2014 年起不再继续升级 CS 系列，而改为基于云的按月付费订阅服务，称为 Creative Cloud，即 Photoshop CC。2015 年又将 Lightroom 单机零售版升级到 6.0，同时也推出了 Lightroom CC。与 Photoshop 等软件的 CC 版一样，Lightroom CC 支持包括平板电脑和智能手机在内的移动设备，可进行云端同步和文件存储，从多个设备端进行访问，并且对订阅者提供软件更新。零售版 Lightroom 6 除了不支持移动平台和软件更新之外，其功能与 Lightroom CC 相同。为了叙述方便，本书中未特别说明之处均指 PC 版 Lightroom 6，Mac 版原则上是相同的，有差异之处会特别说明。

尽管随着版本升级，Lightroom 功能有了很大的增强，但基本框架在 4.0 以后保持相对稳定，因此本书主要内容对 4.0 和 5.0 的用户也适用。第 1.4 节列出了 Lightroom 6/CC 提供的主要新功能，附录 C 则列出了各个版本之间的差异。书中对旧版本不支持的功能会加以说明。

不同于传统的图像编辑软件，Lightroom 不只限于对图像的修饰处理，它包含数码照片从导入到输出的整个流程，面向摄影师提供了完整解决方案，具有下列主要功能：

- ➢ 图库（Library）——照片管理，包括导入、预览、评级、标记、组织、检索；
- ➢ 处理（Develop）——对 RAW、JPEG 等多种格式的照片进行无损处理；
- ➢ 幻灯演示（Slideshow）——直接播放幻灯，还可将幻灯片生成 MP4 视频或 PDF 文档；
- ➢ 打印（Print）——照片打印和版面控制，也可打印（输出）到 JPEG 文件送到冲印店处理；
- ➢ Web——在线相册的生成和上载；
- ➢ 支持 Nikon 和 Cannon 单反相机联机拍摄。

Lightroom 的照片管理功能和图像编辑功能为数码摄影工作流程量身定制，将包括图像编辑在内的所有摄影后期工具整合在一个直观、方便的应用程序中。它采用的目录结构提供多种强有力的搜索手段,能大大提高搜索效率。

在图像处理方面,随着 2012 年发布的 4.0 版以来,对图像编辑处理引擎的升级,数码照片后期处理的大部分工作都能在 Lightroom 中完成了,因而可大大降低用户对 Photoshop 的依赖。版本 6/CC 更是提供了人脸识别、全景拼接、HDR 合成等强大功能,在照片管理、优化处理功能、用户体验方面比早期版本又有了很大的改进。当然,Lightroom 并不是为了取代 Photoshop 而开发的,有些处理还必须在 Photoshop 中进行,为此 Lightroom 提供直接进入 Photoshop 做进一步处理并返回 Lightroom 的便捷通道,使得后期处理的全过程能轻松地在一个框架下完成。

Lightroom 和 Photoshop 的不同定位和分工可以这样来理解:Lightroom 是一个直观的一揽子解决方案,提供大部分数码摄影任务所需的各种手段。无论是几张照片还是一大批照片,Lightroom 都能帮助摄影师更加快捷高效地进行处理。另一方面,Photoshop 是数码图像编辑的行业标准工具,提供大量先进手段供摄影师、媒体设计师及图形领域其他专业人士进行精细到像素一级的编辑,以及在处理包含图层和蒙版的文件时实现全面操控(关于两款软件的相互关系见第 1.1 节的相关讨论)。实际上,Lightroom 采用与 Adobe Camera Raw 相同的底层处理引擎,各种选项和滑块也基本一致,在对 RAW 格式的处理方面,熟悉其中一款软件的用户可以很方便地掌握另一款。

作者基于多年使用 Lightroom 的经验和教学体会,了解初学者入门的难点所在,也深知要达到熟练运用必须掌握的技术关键。在面向业余爱好者的教学过程中,常有部分学员不理解学习基本工作流程的必要性。他们要求教师罗列对孤立实例的具体处理步骤,认为记住某些特定处理方法,能满足实际需要就可以了,其实这只能是事倍功半。照片千差万别,处理步骤变化无穷,是罗列不尽的。如果不掌握基本思路,就只能解决个别问题,情况稍有变化就不适用了。而且具体操作步骤如果不常使用很快就会遗忘。因此,本书在叙述中注重合乎逻辑、易于理解记忆的基本流程和操作要领,而不是仅仅罗列处理步骤。本书立足降低进入门槛,循序渐进,采用深入浅出的讲述方法和图文并茂的形式,逐步引导读者融会贯通,举一反三,真正掌握 Lightroom 的精髓和合理工作流程。

为了帮助新手尽快入门,在附录中列出了需要首先掌握的 Lightroom 最简工作流程,并根据最简流程抽取书中基本内容,压缩成篇幅约为本书十分之一的精简本(PDF 格式,详见清华大学出版社网站本书页面)。对于初学者来说,如果掌握了精简本的内容就能初步运用,体会 Lightroom 的优异性能,再阅读全书就不难了。本书另有内容完整的在线教辅资料,供读者方便地进行交叉参阅。在清华大学出版社官网提供的本书配套学习资料中包括典型处理实例所用照片,许多是 RAW 格式,也有些是 JPEG 格式,供读者练习。

最后要重申作者的一贯观点,照片后期处理和摄影本身一样,关键在于实际操作,光靠听课和看书是解决不了问题的。

作 者

2016 年 8 月

学习说明

与 Photoshop 相比，Lightroom 的使用还不普及。这种情况终究会改变，因为 Lightroom 专为数码摄影后期处理量身定制，是一个更能满足大多数摄影者需求的工作平台。本书旨在使初次接触 Lightroom 的读者快速入门，逐步熟练掌握；又能帮助有一定基础的读者理清思路，运用自如，成为后期处理的行家。花些精力熟悉 Lightroom，你很快就能得到成倍的回报。

本书系统地介绍了 Lightroom 6/CC 的功能，共 6 章，可以分为四部分：预备知识、照片管理、优化修饰、输出分享。

➤ 第 1 章是预备知识，说明数码摄影后期工作涵盖的内容和意义，计算机的准备，对 Lightroom 独特界面的介绍，以及一些基本概念和软件设置。

➤ 第 2 章全面讨论对数码照片的有序管理，包括照片导入、标注评级、收藏整理、筛选检索，这一部分是 Lightroom 区别于其他软件的重要特色。

➤ 第 3、4、5 章讲述对照片进行优化修饰的方方面面。对于许多人所理解的数码后期，我们称之为狭义的后期处理。广义的后期应包含照片管理和输出分享。这一部分内容讨论对数码照片进行全局处理和局部处理的技法，以及提高处理效率的各种手段。

➤ 第 6 章介绍 Lightroom 丰富多样的输出分享方法，包括导出图像文件、放映幻灯、制作画册、打印输出、生成网页等。

各章结尾处都有扼要的小结。对于某些重要的功能则单列一节"提要"，例如"照片导入提要""照片筛选提要"等。这些小结和提要可以有效地帮助读者回顾和梳理相关章节的重点内容。

读者可以按顺序阅读各章，但对于初学者，内容也许太多。新手可分阶段学习，附录 A 给出需要优先掌握的最简流程，可重点学习列在流程图左侧的基本功能。

照片管理是 Lightroom 的精华，但也可能是阻碍一部分读者深入学习的难点。有些朋友干脆跳过管理阶段，简单导入后就直奔照片处理，然后导出。这就无法体现 Lightroom 的优势，电脑里的照片一片混乱，最终难以理顺，处理效果也不会满意，可以说是"欲速而不达"。强烈建议初学者**不要急于进入照片处理**，花一些时间掌握附录 A 的表中"照片管理"单元左侧列出的基本功能，然后再开始处理照片。

对于一些关键性的概念或有关知识，书中以醒目的"小贴士"形式给出简要说明，以辅助阅读，加深对数码摄影及其后期工作的理解。以下是这些小贴士的标题，括号内是它们所在章节：

➤ 什么情况下要调用 Photoshop。（1.2 节）

➤ 真伪之辩。（1.2 节）

➤ 什么是图像的位深度。（1.3.1 节）

- ➢ 关于 ProPhoto RGB 和色彩空间。（1.3.4 节）
- ➢ 关于像素、分辨率、文件大小。（1.3.4 节）
- ➢ XMP。（1.3.4 节）
- ➢ 预览和智能预览。（2.1.2 节）
- ➢ 元数据。（2.1.2 节）
- ➢ 智能收藏夹。（2.2.4 节）
- ➢ 收藏夹要点。（2.2.4 节）
- ➢ 文件夹、收藏夹、收藏夹集。（2.2.4 节）
- ➢ 解读直方图。（2.2.5 节）
- ➢ 人脸检测和识别。（2.5 节）
- ➢ 关于风格或优化设置。（3.2.1 节）
- ➢ 紫边。（3.2.2 节）
- ➢ 熄灯使裁剪效果看得更清楚。（3.2.3 节）
- ➢ 白平衡。（3.3.1 节）
- ➢ 如何快速撤销处理，恢复初态。（3.3.2 节）
- ➢ 比较处理效果的显示模式。（3.3.3 节）
- ➢ 理解曲线。（3.4.1 节）
- ➢ 色相、饱和度、明亮度。（3.4.2 节）
- ➢ 镜头造成的畸变和失真。（3.5.1 节）
- ➢ 曝光度。（3.6.1 节）
- ➢ 中灰渐变镜。（4.2.1 节）
- ➢ 几种不同的蒙版。（4.4.2 节）
- ➢ Photoshop 图层。（4.5.2 节）
- ➢ Lightroom 最常用处理手法。（4.6.7 节）
- ➢ 预设汇总。（5.3 节）
- ➢ 导出，还是不导出？（6.1.3 节）

书中各章结合具体实例阐述功能。第 4.6 节则集中给出了一组具有代表性的处理实例，供读者参考。本书配套学习资料提供部分照片，可用于实际操练。如果仅限于记忆特定照片的处理过程，对于学习 Lightroom 没有太大帮助。对于任何照片都不存在唯一的处理方法，通过不同的途径会得到不同的效果，读者完全可以取得比书中更加满意的处理结果。

本书在清华大学出版社官网本书页面提供配套学习资料，其中包含 Lightroom 的完整内容，利用网页形式，通过交叉链接把不同章节关联起来。作者将进行不定期更新以适应新版软件的推出，并对读者反馈做出响应。欢迎访问"朔望的数码工作室"（shuowangimage.com/studio）浏览作者的网上相册以及有关数码摄影和后期处理的体会。微信公众号（with_shuowang）用于分享摄影作品，定期发布介绍拍摄和后期处理心得的《数码摄影札记》，欢迎关注和交流。

总之，了解 Lightroom 作为数码摄影后期"照片导入—优化处理—输出分享"一揽子解决方案的实质，从最基本的功能入手，在融会贯通基础上举一反三，边用边学，逐步拓展深入，一定能很快掌握 Lightroom 的精髓。

目录
CONTENTS

▶ 第 3 章　数字冲印　　91

▶ **第 5 章　高效处理** **211**

▶ **第 6 章　输出分享** **231**

▶ 附录   281

第1章
概　述

01

Lightroom是面向数码摄影后期工作的一揽子解决方案，提供数码摄影任务所需的有力手段。无论是几张照片还是一大批照片，Lightroom都能帮助摄影师更加快捷高效地进行处理，获得满意的结果。本书注重合乎逻辑、易于理解和记忆的基本流程及操作要领，立足于降低门槛，深入浅出，循序渐进，引导读者掌握Lightroom的精髓和合理工作流程。

1.1 什么是后期

如果问什么是摄影后期，不就是 PS 吗？这种观点不完全对，用软件处理数码照片，确实可以使它们看起来更好。但是远不止于此，后期的内容很丰富：

➢ 组织管理：如何把成千上万张照片管理得井井有条？如何能轻易地找到需要的那一张？如何避免在电脑里不必要地复制照片，既浪费硬盘空间又造成混乱？这远不是在文件夹之间进行复制和移动能够实现的。

➢ 修饰优化：这也许就是常说的 PS，但绝对不是一些人颇为不屑的"P"，或者"做"。我们说的是优化，也就是尽可能地使数码照片的视觉质量达到最优，充分反映摄影者在拍摄时刻对场景和人物的理解和感受。

➢ 艺术创作：摄影大致可分为纪实和艺术两大类。若不是为了新闻采访或破案取证，通常关心的是后一类。业余爱好者尽管不是艺术家，却绝非不能创作。利用拍摄的素材在后期进行制作有无穷的趣味。

➢ 输出分享：很少有人拍了照片只是给自己看，作品分享是极大的乐趣。分享的方式很多，包括直接在电脑屏幕上展示、打印输出、投影、视频、PPT、邮件传输、社交媒体、网上相册等。

总之，如果不是用手机拍好立即发送，后期的工作还真不少。其实手机也有图像处理软件，可以在发送前稍加处理，也属于后期工作。

在以上列出的几个问题中，大家对修饰优化最为熟悉，我们不妨将它称为狭义的后期处理。广义的后期处理则包括以上四个方面，就是后期工作的完整过程，其中"组织管理"往往不为人们重视。随着数码相机的普及，而且移动设备都具有拍照功能，现在几乎人人都是摄影师，于是照片数量激增，这在以往是无法想象的。这种情况下，如何存放和管理数码照片就成了问题。让我们先来看一些通常的做法。

➢ 将照片从相机复制到电脑，按日期或主题创建文件夹。例如按照主题：家庭、友人、花卉、九寨沟、外滩……分别将照片放入对应的文件夹。

➢ 各类照片又可分成小类，如花卉包括菊花、荷花等。一张照片可属于多个类别，例如与朋友一起游九寨沟，同样的照片要不要存在"友人"和"九寨沟"两个文件夹里呢？

➢ 年底到了，挑选一年来最满意的照片，复制到新的文件夹——"年度最佳作品"。

➢ 筛选：希望删去不理想的照片，把满意的照片放入另一个子文件夹，但你常发现很难取舍。

➢ 命名：相机自动产生的文件名没有实际意义，要根据地点、时间、人名、对象等要素重新命名照片。一张照片的不同版本可能会有多个不同的文件名。

➢ 为了分享，将一些照片缩小，复制到另外的文件夹里。

➢ ……

总之，你会不断地复制和命名照片，同一张照片的副本或不同版本同时存在，不仅占用额外的存储空间,而且随着照片增多越来越混乱。试想几年下来,要想找到某张特定的照片会是多么困难的一件事。

怎么办?答案是你需要软件来管理照片。

我们知道,Photoshop 性能优异,是许多摄影者后期处理的不二之选。然而 Photoshop 并无照片管理功能,配上 Bridge 虽然可以进行简单的管理,却不能解决上述问题。我们要的是图像数据库,用它来建立指向照片的指针。类似于图书馆的目录,其中包含馆藏图书的基本信息:书名、作者、出版社、版本、分类、书库、书架等,有了目录,一切才能井然有序。于是就出现了将图像数据库和图像处理引擎结合在一起的专用软件,为数码摄影后期工作提供一揽子解决方案。这方面的产品首推 Adobe 公司的 Lightroom,不仅因其功能强大,还因为它与 Photoshop 关系密切,结合起来使用十分方便。Lightroom 采用与 Photoshop 插件 Adobe Camera Raw(ACR)相同的处理引擎,使得熟悉 ACR 的用户感到非常顺手。Lightroom 发布不久就受到摄影师的广泛欢迎,用户人数远远超过竞争对手,如苹果公司的 Aperture 和飞思的 Capture One。早在 2009 年,InfoTrends 公司就对北美一千多位专业摄影师进行过调查,当时使用 Lightroom 的人数差不多已是 Aperture 用户的 6 倍,现在 Lightroom 的普及程度更高。

Photoshop 和 Lightroom 同是 Adobe 公司的产品,并不存在孰优孰劣的问题,只是定位和分工不同,它们解决的问题有交集也有差异。Lightroom 擅长照片管理,具有很强的处理能力和多种便捷的输出分享功能,为摄影师提供综合解决方案。但 Lightroom 并不具备 Photoshop 中的许多复杂处理功能和精确到像素的处理能力。Photoshop 能实现深入而精细的处理,精于各种艺术创作,可供摄影师和媒体设计师完成各种高级的处理和创意设计。Photoshop 借助 Bridge 可实现对照片的简单管理,具备常规的图像输出能力,但在这两方面远远不及 Lightroom。

概括起来,两款软件的特点可归纳如下:

➤ Photoshop 能满足照片修饰优化的几乎所有需求,精度可达到像素级,在创意设计方面有强大功能,其中有不少是超出一般摄影者需求的。

➤ Photoshop 的处理效率不高,难以应付海量照片。如果为了处理照片而在电脑前花费大量时间,乃至于大大超过拍摄的时间,就会使数码摄影的乐趣大打折扣。

➤ Lightroom 突破传统思维,为摄影师提供照片组织管理、后期处理、输出分享的完整工作平台,具有高质量、高效率的优势,因此在 2007 年一经推出,很快被广大摄影师接受。

➤ Lightroom 不能胜任的处理任务如精细的局部修饰、选区抠图、移花接木、拼接分拆、使用外挂插件等,均可方便地转到 Photoshop 来完成,之后再返回 Lightroom。

因此,Lightroom 和 Photoshop 是各司其职,互为补充,它们的功能覆盖范围大致上可用图 1-1 来说明。对于拍摄照片数量很大的摄影者,以 **Lightroom** 为主要工作平台,**Photoshop** 作为外部编辑器解决 **Lightroom** 不能处理的问题,构成完美的

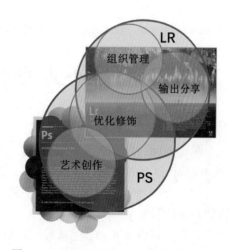

图 1-1　Lightroom 和 Photoshop 各司其职

数字暗房系统,是值得推荐的后期方案。

以下是典型的工作流程:

➢ 将相机存储卡中的照片导入 Lightroom。

➢ 筛选照片,利用关键词、旗标、星级等手段进行标注,创建收藏夹。

➢ 有选择地对照片进行处理。如果拍摄量很大,通常不一定要对每张照片进行精细处理,同类的可以快速同步,有的只要保留存档。Lightroom 能满足大部分优化处理需求,某些方面甚至更强,但是它没有 Photoshop 的许多功能如选区、合成、文字、滤镜等。

➢ 如有必要,从 Lightroom 中进入 Photoshop,处理后重新返回 Lightroom。对 Photoshop 返回的版本还可以做进一步处理。

➢ 仅导出需要离开计算机的照片,例如拿出去打印、作为电子邮件的附件、通过社交媒体(如微信、QQ、微博)分享。

➢ 可用连接电脑的打印机直接打印而无需导出,或者打印到 JPEG 文件送到冲印店处理,也可以在 Lightroom 环境下直接播放幻灯片,或者导出为视频,生成画册和网页。

➢ 利用 Lightroom 的检索功能随时找到需要的照片。可对照片作进一步处理、局部或全部推倒重来、生成不同版本如黑白或特殊风格,对原始照片没有任何影响。

Photoshop 诞生于 20 世纪 80 年代后期,已有 30 年的历史,在摄影界和创意设计领域广为人知,长期以来作为后期处理的有力工具几乎独占鳌头。Lightroom 从研发开始至今只有 10 年,普及程度远不及 Photoshop。由于设计思路不同,初学者可能不适应,特别是对管理功能更觉陌生。但经验告诉我们,花些精力掌握基本用法不难。用户很快会发现它比 Photoshop 更好用,随着熟练程度的提高,对 Photoshop 的依赖也会越来越少。帮助初学者快速入门,使得有一定经验的用户成为行家,是本书宗旨。我们的目标是使读者能够:

➢ 有序管理照片,不再因电脑中照片的混乱状态而一筹莫展;

➢ 获得出色的处理效果,毫不逊色于任何 Photoshop 高手的作品;

➢ 以多种方式展示佳作,体验更好的输出分享感受;

➢ 大大减少后期工作所需时间,轻松享受数码摄影的乐趣。

1.2 照片不处理行吗?

常有人问:"你的照片做过吗?"所谓"做"就是用软件处理照片,典型的软件是 Photoshop 和本书讨论的 Lightroom。我们暂且把对照片的处理和修饰统称为 PS 吧。在一部分人看来,照片由相机直出而不做 PS 才代表摄影水平。如果"做"了,他们会很不屑。真的是这样吗?

景物在相机感光元件上成像,数据被记录在存储卡上,主要有两种选择:保存 JPEG 格式(文件名后缀为.jpg),或者保存 RAW。所谓"直出"就一定是 JPEG,因为 RAW 不是通用的图像格式,不能直接使用。感光元件生成的图像数据未经加工是"生的",也就是"raw"。

| 注意 | 不要将 RAW 读成三个孤立的英文字母 R-A-W,要按照单音节英文单词 "raw"发音。同样地,JPEG 读作英文字母 J 加上 peg(将 peg 按英文单词发音,近似普通话"派格"),而不是根据文件名后缀 .jpg 读成三个字母 J-P-G。这样的读音国际通行,也便于流畅的口头交流和阅读,就像 Photoshop 和 Lightroom 都按英文单词发音一样,不是连读字母。 |

先说 JPEG。数码相机内部都有用于图像处理的专用处理器,图 1-2 是一种数码单反相机中的图像处理器,实际上就是相机内的专用电脑。小型便携式相机同样有图像处理器,当然要简单得多。原始数据要经过处理和压缩编码才能成为 JPEG 格式记录在卡上,这种处理是自动的,通常使照片更加悦目。相机对每张照片的处理步骤都是相同的,不会针对各种情况分别进行调整,因而不可能是最优的。此外,这些处理和编码过程还是有损和不可逆的,丢弃的信息无法恢复回来。例如一张照片曝光过度,天空亮度超过了 JPEG 格式所能表现的极限,结果是一片惨白。如果你在后期试图降低亮度,就会变成没有层次的一片灰白,可能更难看,如图 1-3 所示。

图 1-2　数码单反相机中的图像处理器

图 1-3　JPEG 曝光过度无法挽救,惨白的天空处理后仍无层次

RAW 是"生的",未经"烹调"。将 RAW 格式直接转换成可显示的形式会令你失望,它并不像相机显示屏上看起来那样亮丽。这是因为相机回放显示的实际上是经过处理的 JPEG 预览,而不是原始数据。换句话说,RAW 文件只是"数码底片",需要"冲印"(即后期处理)才能得到可用的照片。摄影者必须在后期还原拍摄时看到的情景,反映自己的体验和理解,优化视觉效果。由于相机记录的信息被完整记录在 RAW 文件里,后期调整的余地很大。例如上面说的曝光过度,只要在一定的限度内,还可以挽救,见图 1-4。对于 RAW 和 JPEG 差异的进一步说明以及对其他有关图像格式的介绍见第 1.3.1 节。

图 1-4　拍摄 RAW 即使稍有过曝仍可修复

由此可见，对于数码照片其实并不存在处理或不处理的问题，只有交给相机自动处理和由你自己处理的区别。当然，对于相机输出的 JPEG 文件还可以做进一步的后期修饰，只是处理余地比 RAW 文件小，失去的信息便永远失去了，效果往往达不到最优。

胶片时代有后期处理吗？

回答是肯定的。Kodak 公司有句著名的广告语"You press the button, we do the rest."。你只要按下快门，之前和之后的工作，即生产胶卷和冲印照片，都由他们完成。选择胶卷（灯光片或日光片）与白平衡有关，而冲印就是指后期处理：

➢ 选用适当的相纸，调整照片反差。

➢ 改变显影液配方，调节温度、曝光时间、显影时间等，可改变亮度和反差。

➢ 裁剪以修改构图。

➢ 局部遮挡或加光，进行其他人工局部处理，如消除瑕疵等。

➢ 多次曝光、拼接等特殊处理。

➢ 产生轻微模糊的负片，将它与清晰的正片叠加，得到锐化效果，这正是数字图像处理中 USM 锐化的模拟原型。

胶片时代冲印和处理照片在暗室（Darkroom）里完成。进入数字时代，计算机和数字图像处理技术快速发展，数码摄影器材不断进步，已使数码摄影全面超越胶片，这一趋势不可逆转。Adobe 公司十分恰当地把数字时代的暗室命名为 Lightroom[①]（参见图 1-5），它提供

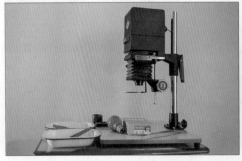

图 1-5　Darkroom 和 Lightroom

---

① 英文 light 作为形容词是"明亮的"，lightroom 即"明亮的房间"。

数码照片后期处理的完整解决方案,使摄影者能轻松实现巨量数码照片导入、筛选、整理、处理修饰、输出、打印、显示的完整流程。在后期处理方面,数码摄影具有下列优势:

➤ 图像处理软件功能强大而且不断升级更新,其潜力为胶片时代暗房技术无法比拟;

➤ 能产生多种处理效果,采用适当的软件和正确的操作,对原始数据没有修改;

➤ 普通爱好者也能掌握和精通,而胶片时代的复杂处理通常只能由专业人员完成。

总之,拍照完全可以"直出",用手机拍摄立即发送就是直出。但如果对照片质量有所要求,对提高摄影水平有所追求,某种程度的后期处理就是题中应有之义。图 1-6 是从拍摄到照片输出的路线图,可根据具体情况走不同的路线。右上部矩形框内是相机直出,将一切都交由相机处理,按下快门即大功告成。对于数码单反和无反(微单)相机用户,如要最大限度发挥器材优势,获得满意的摄影作品,就得走较长的路线,没有捷径。单反和微单相机都可以可拍摄 RAW,一些高端便携相机也能输出 RAW。在图 1-6 中,

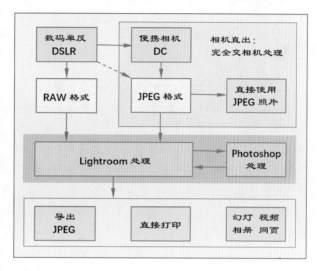

图 1-6　Lightroom 后期处理路线图

Photoshop 作为外部应用程序起补充作用,在必要时解决 Lightroom 不能解决的问题。

若以 Lightroom 为后期工作平台,则无论是 RAW 格式还是 JPEG 格式,管理、修饰、输出的步骤完全相同。不过对于 JPEG 的处理效果不如 RAW,而且有一些功能缺失,这将在书中有关章节说明。若用 Photoshop,打开 RAW 格式照片时会自动启用插件 Adobe Camera Raw,处理后再进入 Photoshop,也就是说,要多一个转换的步骤。

小贴士

什么情况下要调用 Photoshop

如果不考虑创意设计,90% 甚至更多的摄影后期问题可由 Lightroom 解决。如果曝光正常,有时只要几步简单处理就能达到目的。以下是需要调用 Photoshop 的几个典型例子:

➤ 对于面积较大,情况复杂的区域进行修补。

➤ 需要进行精细到像素的特殊处理,如精密裁剪、抠图、更换背景。

➤ 移动某些对象或删除不需要的内容。

➤ 超出画面范围扩展图像,例如旋转导致丢失照片四角重要内容,需要填补。

➤ 涉及多张照片的内容拼接和合成。

➤ 添加文字或其他标记。

> ➤ 利用特殊滤镜或第三方插件进行处理。
> ➤ 创意设计和艺术加工，如模仿水墨画或油画效果，制作夸张的漫画式图片等。

这类例子还能举出很多。但这些大部分不属于调整影调颜色、剪裁和修正构图、降低噪点、校正镜头畸变等常规处理，多半涉及像素移动或移花接木，或是创意制作。

真伪之辨

随着 Photoshop 等一大批图像编辑工具的流行，对摄影作品的处理和修饰越来越方便了。与此同时，也出现了对照片内容的大幅度篡改和肆意伪造，远远超出了所谓"做"的范畴。PS 因而被一些人当成照片造假的代名词，轻则骗取名利，重则作奸犯科。**如何区分正当后期处理和恶意篡改伪造呢？**

对于绝大多数摄影者，不管是专业摄影家还是业余爱好者，以艺术创造、影像制作、拍摄留念、娱乐分享为目的，追求美的享受或是纪录愉快的生活经历，后期进行怎样的处理都无可指责，包括移花接木和各种大幅度的调整。不要把 PS 和各种图像处理软件当作万恶之源。当然，对参赛作品会有特定限制，必须严格遵从有关规定，不可越界。

若是新闻报道或司法取证，对照片内容的任何改动如删除、添加、移动、拼接等都绝对不能允许。数字图像认证技术为识别图像真伪、揭示异常克隆拼接、判断照片可信性提供科学依据。数字图像认证是本书作者的一项研究课题。参看科普文章《真伪之辨——数字图像的防伪认证》摘要（见 http://shuowangimage.com/files/TrueFalse_Abstract.pdf）。

1.3 预备知识

1.3.1 关于图像格式

相机拍摄的照片有 JPEG 和 RAW 两种格式，使用 Lightroom 会涉及 TIFF 和 DNG，还有 Photoshop 的专用格式 PSD。Lightroom 还支持互联网的常用格式 PNG。本节分别对这几种格式作简要介绍。

JPEG

JPEG（Joint Photographic Experts Group，联合图像专家组）是图像压缩编码的国际标准。JPEG 格式照片以 .jpg 为文件名后缀，它们能被所有看图软件和图像处理工具打开，具有通用性。JPEG 采用有损编码技术，通过剔除图像中不为视觉感知的成分实现数据压缩，被丢弃的信息不可能再恢复回来。JPEG 能兼顾优良的视觉质量和相当大的压缩率,它的压缩率是可选的,压缩率越大,生成的文件就越小,但对图像的损伤也越严重,图像质量越差。如果选择用 JPEG 格式拍摄照片,应尽量设置为最好的图像质量,因为现在存储卡的成本很低,电脑硬盘容量也不是问题。

JPEG 的优点:

➢ 在相机内完成白平衡、饱和度、色调等一系列处理,可直接出片,不一定要做其他处理。

➢ 文件小,写入存储卡的速度快,连拍速度快,备份方便,传输也方便。

➢ 通用性强,有绝大多数设备和软件的支持。

➢ 可根据需要在文件大小和图像质量之间进行选择。

➢ 在多数情况下,是后期处理最终输出图像文件的恰当格式。

JPEG 的缺点:

➢ 有损压缩导致细节丢失,压缩率高时会产生可察觉的瑕疵。

➢ JPEG 照片的位面深度是 8 位,也就是 8 比特,颜色/影调的种类约 1677 万种,远小于大多数数码相机中光电传感器的表现能力,相机能记录的其他颜色会全部丢失。

➢ 动态范围受限于 8 比特位面深度,很多情况下难以充分表现明暗层次,特别是因曝光不足或曝光过度造成的细节损失无法恢复。

➢ 由于相机对 JPEG 照片进行了充分处理,任何相机设置错误都无法挽回,对拍摄设置的准确性要求较苛刻。

一般说来,为了方便,非正式亲友聚会或旅游留念,需要快速提交成品或立即转发时,可拍摄 JPEG。另外,由于 JPEG 文件较小,连拍速度快而且可连拍的张数也多,适合于抢拍快速运动对象如体育运动和飞鸟等。

RAW

RAW 是感光元件记录的原始数据,可以称为数码底片,它还不是图像,不能被一般通用软件打开,所以无法直接使用。RAW 没有统一的格式,不同厂家的 RAW 都不一样,文件名后缀也不一样,例如尼康是.nef,佳能是.cr2。不仅如此,同一厂家不同型号相机的 RAW 格式也不同,新型号相机必须使用新版软件才能兼容。各厂商均提供专用软件,可以打开和转换各自的 RAW 文件。用 ACR 和 Lightroom 可转换、处理各种 RAW 文件[①]。

RAW 的优点:

➢ 可记录 12～14 位(比特)数据,12 比特可表现 687 亿种颜色/影调,14 比特可表现 43 980 亿种颜色/影调,远远超过 JPEG。

➢ 动态范围大,后期有可能在相当大的程度上恢复曝光不足或曝光过度所造成的细节损失。

➢ 图像数据未被相机处理,相机的设置仅作为参考信息记录在文件中,后期可任意修改,所以即使拍摄时某些设置偏差,也没有太大影响。

① 严格说来,RAW 本身不是一种特定的文件格式,不同厂家的 RAW 文件格式是不同的。RAW 是感光元件产生的原始数据。所谓 RAW 格式应理解为各厂家专用 RAW 文件格式的统称。

➢ 后期可转换到任何颜色空间。

➢ 采用无损压缩，不会因数据压缩而产生信息丢失和视觉瑕疵。

➢ 可以作为著作权和真实性凭证，例如拍摄到不寻常的对象，可用 RAW 文件来证明该对象不是在后期人为添加的。

RAW 的缺点：

➢ RAW 文件不能被通常的看图软件打开，因而不能直接使用或与他人分享。

➢ 处理以前需要先转换。但如果使用 Lightroom 则可直接导入和处理，工作量并不比处理 JPEG 文件大。

➢ 占用存储空间较大，对计算机内存和硬盘要求高，复制和备份也要求更长的时间。

➢ 通用性差，不同厂家的 RAW 格式不同，新款相机也会更新 RAW 格式，需等待软件升级。

下列情况应考虑拍摄 RAW：对图像质量要求高，如风光摄影、人像等；场景变化快，来不及精确设定曝光等参数，容易曝光不准，需要后期调整。也可选择同时拍摄 RAW 文件和 JPEG 文件，将 JPEG 用于快速分享，导入 Lightroom 时仅使用 RAW。

TIFF

TIFF 的全称是 Tag Image File Format，即标签图像文件格式，文件名后缀为 .tif 或 .tiff。TIFF 格式是国际标准，得到 Photoshop 等一大批图像处理软件以及排版、扫描等设备的广泛支持。它是一种复杂的位图文件格式，广泛用于对图像质量要求较高的图像存储与传输。可采用 LZW 或 ZIP 无损算法进行压缩，对数据没有损伤，但压缩率不高。TIFF 文件支持 Photoshop 编辑中生成的图层。在 Lightroom 环境下调用 Photoshop 进行编辑，通常设置成以 TIFF 格式返回 Lightroom，见第 1.3.4 节的"首选项"。TIFF 也是 Lightroom 可选的导出格式之一，适用于对照片质量要求高的情况，如大幅面优质打印。关于 TIFF 的详情见 https://en.wikipedia.org/wiki/Tagged_Image_File_Format。

DNG

DNG 即数字负片（Digital Negative），也是一种 RAW 文件，但不是由相机制造商制定，而是由 Adobe 公司推出，用于保存数码相机原始数据的公共存档格式。DNG 规范是公开的，旨在解决 RAW 格式不统一，缺乏开放性标准的问题。它能提高工作流程效率，适应未来技术进展，确保摄影师不因版本升级而无法打开图像文件。尽管相机制造商继续采用自己的专用 RAW 格式，也有多家厂商如 Leica、Hasselblad、Casio、Ricoh、Samsung、Pentax 等生产了直接支持 DNG 的机种。

DNG 文件通常此厂商的专用 RAW 格式要小，可节约大约 20% 的存储量。Adobe 公司免费提供将各种 RAW 文件转换为 DNG 的软件，但专门转换多一道工序，要耗费一定的时间。Lightroom 和 Adobe Camera Raw（ACR）均支持 DNG 格式。Lightroom 还可以选择在导入照片时直接转换为 DNG 而不存储原始的 RAW，详见第 2.1.1 节。

DNG 也是在不同版本 Lightroom 之间交换照片而避免信息损失的方便媒介。Lightroom 6/CC 在完成 HDR 合成和全景合成后会生成一个 DNG 格式的新文件，详见第 3.6 节。

PSD

PSD 即 Photoshop Document，是 Photoshop 的专用图像格式，支持 RGB、CMYK 等全部色彩模式，能保存图层、通道、路径等信息。除了 Adobe 公司的 Elements、Illustrator、After Effects 等产品外，其他能打开 PSD 文件的软件有 CorelDRAW，以及免费的数码照片编辑制作工具 GIMP。在 Lightroom 环境下调用 Photoshop 时可选择 TIFF 和 PSD 两种文件格式，PSD 不是通用的标准，故不推荐使用。

PNG

PNG(Portable Network Graphics)是互联网中使用最广的无损图像压缩格式，支持 RGB 彩色图像和调色板(Palette)图像，并且支持透明。但它不支持非 RGB 色彩空间如 CMYK。PNG 采用无损压缩，文件通常比 JPEG 大。Lightroom 从版本 5 开始支持 PNG，用途参看第 6.1.2 节、6.1.8 节、6.5.2 节。

小贴士

什么是图像的位深度

数码相机有一项重要技术指标：RAW 格式的位数为 12 位或 14 位。位的英文是 bit，即比特。计算机技术的基础是二进制，逢二进一，用 0 和 1 两个符号来表示一切数，而不是日常十进制的十个符号 0~9。例如数字 5，用二进制表示是 101。每个二进制符号就是 1 位。RAW 文件的位深度反映相机光电器件对于灰度和颜色层次的分辨能力。

JPEG 支持 8 位，能表现的灰度范围为 00000000~11111111，转成十进制就是 0~255。就是说，JPEG 能表现 256 种不同的灰阶。对于彩色照片，表现红绿蓝三色分量的大小范围也是 256 种，因此共有 256×256×256 种组合，即 1677 万以上。

每增加 1 位，表现像素灰阶的层次数就加倍，12 位能表现的层次数是 8 位的 16 倍，即 4096 种，14 位是 12 位的 4 倍，即 16 384 种。对于彩色图像，那就分别是 4096 和 16 384 的三次方：687 亿和 43 980 亿。位深度代表分辨像素灰阶和颜色层次的精细程度。

Lightroom 处理能力是 16 位，超过相机 RAW 格式的精度范围，足以保证图像信息不因位深度限制而受损。从 Lightroom 调用 Photoshop 时，无论选择 TIFF 还是 PSD 格式，都应设置成 16 位，而不是 8 位，才能确保最佳处理质量。参看第 1.3.4 节和第 4.5 节。

1.3.2　准备工作

关于计算机

用 Lightroom 管理和处理照片，首先要准备好计算机，安装 Lightroom 6 或 Lightroom CC。运行 6/CC 的最低计算机配置有不同的说法，可以确定的是：Windows XP 和 32 位系统不能用了。实际上，计算机仅满足最低配置时，软件只是可以运行，但是不流畅。

从版本 4 之后，Lightroom 只支持 Windows 7 以上的系统，版本 6/CC 则仅支持 64 位系统。在硬件方面，速度快的 CPU 当然最好，但 CPU 并非唯一的考虑因素，决不能忽视内存的重要性。根据经验，4GB 的内存小了些，内存最好是 8GB 或更大。大的内存往往比 CPU 速度更重要。另外，Lightroom 要求有相当大的磁盘空间来存放照片。按照现在数码相机的像素数目，数百 GB 是很容易满的。以往人们担心丢失大量数据常将硬盘分区，这其实并不是一个值得推荐的做法，尤其是用于数码照片处理，小的分区会带来不小的麻烦。避免数据损失的正确做法是定期备份，参看第 1.3.4 节。如果相机内没有足够大的硬盘来容纳照片，就得考虑使用外部硬盘。

要重视显示器质量，尺寸不要太小，颜色和影调表现要正确。处理照片时如果没有好的显示器，你就很容易被误导，产生的偏差是系统性的，每张都如此，这就比某一张照片没有处理好严重得多。

有些爱好者对摄影器材很重视，入手新款相机和镜头毫不迟疑，装备一定是最好的，相反对电脑配置却不太在意。这就进入了另一个误区。后期处理是数码摄影的关键组成部分，好的相机必须要有足够好的电脑来支持。若是预算受限，哪怕少买一个镜头也要使电脑能充分满足后期处理要求。这并不是 Lightroom 的特殊要求，使用 Photoshop 或其他任何软件都是一样的。

文件夹

第 1.1 节中提到，Lightroom 的核心是图像数据库和图像处理引擎。图像数据库用来管理照片，它是一个称为目录（Catalog）的文件，文件名后缀为 .lrcat。目录中含有除图像数据以外所有关于照片的有用信息，包括：

> 在拍摄时相机赋予每张照片的基本属性，如相机品牌和型号、序列号、镜头型号、拍摄用的光圈、快门速度、焦距、ISO、曝光补偿、拍摄时间、测光模式、闪光与否，还有照片的尺寸（像素数），等等。

> 导入 Lightroom 时或导入后由用户赋予的属性，如在电脑里的存放位置、添加的关键字、标注的颜色、评价星级、版权信息、文字注释、属于哪几个收藏夹，等等。

> 对照片所做的每一步处理以及相关的设置和参数。

由此可见，目录是照片管理和处理的核心，在 Lightroom 中具有关键作用。在导入照片、标记照片、处理照片过程中，目录将不断地被更新，在其中记录你所做的一切操作，它会变得越来越大。有关目录及其维护，以及上述有关照片管理的属性等问题将在第 2 章中详细讨论。

运行 Lightroom 之前首先要做一项重要决定，就是在哪里存放你的照片和目录。使用台式计算机，如果硬盘足够大，可将照片和目录都放在硬盘上。安装软件时默认"图片"为工作文件夹，目录放在它下面名为"\Lightroom"的文件夹里，即 C:\Users\...\Pictures\Lightroom。你也可以另外选择，后文会详细讨论。如果硬盘空间不够大，应考虑购置外部硬盘存放照片，例如 2TB 或更大，而将目录放在机内硬盘上。如果用笔记本电脑，通常需要外置硬盘存放照片，目录可放在机内硬盘上，也可以和照片一起放在外置硬盘上。

如果 Lightroom 目录在电脑上，而将照片存放在外部，通常要对导入的照片构建智能预览以便脱机时仍可对照片进行管理和编辑修改,详见第 2.1.2 节。

照片的具体存放位置和组织方法由用户决定。有两种做法,一种是建立一个文件夹,将所有照片都放在这个总的文件夹下面,根据自己的习惯组织成许多子文件夹,例如按日期组织就是方便的选择;另一种做法是按照拍摄的主题分为若干文件夹,例如人像、旅游等。我们推荐第一种方法,因为将所有照片都放在一个总的文件夹之下更有利于管理,在必要时(例如更换电脑)便于统一迁移和制作备份。

如图 1-7 所示是一种推荐的文件夹结构。在"图片"之下建立了一个名为"\Pictures"的文件夹,与存放目录的文件夹"\Lightroom"并列。在"\Pictures"以下有各个年份的子文件夹,下面又有以照片拍摄日期命名的底层文件夹,里面存放照片。图中展开的是 2016 年的情况,其中包括 9 个以拍摄日期命名的子文件夹。这些按日期组织的文件夹结构是由 Lightroom 根据所做的设置自动生成的,并不需要用户费心。具体设置方法将在第 2 章介绍。

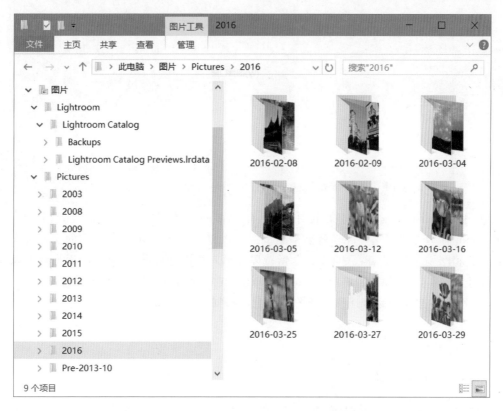

图 1-7　一种推荐的文件夹结构

展开的"\Lightroom"文件夹如图 1-8 所示,其中最右侧的文件 Lightroom Catalog.lrcat 就是目录。如果目录损坏了,你将丢失所有的管理和处理信息,所以必须定期备份。备份的目录存放在名为"\Backups"的文件夹中,它是进行备份后生成的,刚安装 Lightroom 的初始情况下并不存在。除目录文件和备份文件夹外,还有一个子文件夹 Lightroom Catalog Previews.lrdata,其中存放照片预览信息,在安装和操作过程中自动生成和更新,无须用户干预。关于预览将在后面解释。

只要按照规范行事,Lightroom 就能保持你的海量照片一直处于有序管理之下。但在

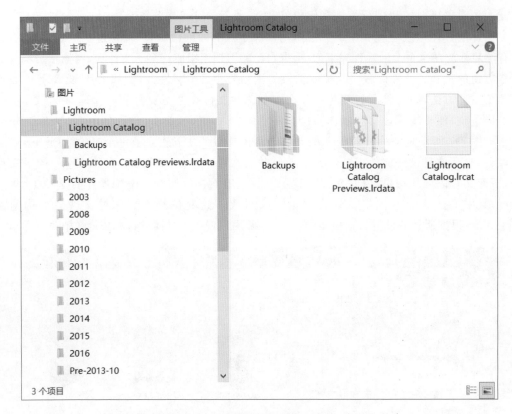

图 1-8　目录文件夹中包括目录、预览文件夹、备份文件夹

开始使用 Lightroom 之前，计算机中会存有许多过去的照片，将这些旧照片也纳入 Lightroom 管理通常不是一件轻而易举的事。可以将它们集中在一个专门的文件夹中，例如图 1-7 和图 1-8 中的"\Pre-2013-10"，留待以后再对它们进行导入和整理，逐步纳入规范。

以上工作应该在你开始将照片导入 Lightroom 之前做好。做了这些，如果今后硬盘满了，你将很容易把全部照片迁移到新的硬盘上，否则就会比较麻烦。

1.3.3　Lightroom 6/CC 界面

Lightroom 的模块

Lightroom 包括 7 个模块（Module）：图库、修改照片、地图、画册、幻灯片放映、打印、Web。其中图库（Library Module）和地图（Map）属于照片管理模块。图库模块将在第 2 章详细讨论。地图模块实际上是对图库模块的补充，它利用相机记录的 GPS 信息，结合 Google 地图根据地理信息对照片进行管理和检索。如果你的相机有 GPS 功能，拍摄时会将地理信息（经度、纬度、高度、拍摄方向）加入到元数据中，于是可直接在地图的相应位置找到你的照片。否则你只能手动将照片拖动到位，这既不准确又不方便。本书不讨论地图模块。修改照片是处理和修饰的模块（Develop Module，即冲印模块），本书将在第 3、4、5 章分别对照片的全局处理、局部处理、高效处理展开讨论。其余 4 个模块均属于输出分享，将在第 6 章讨论。

工作界面

以图库模块为例，Lightroom 的工作界面见图 1-9，在菜单下面，深色部分可分为五个区域。

(a)

(b)

图 1-9　Lightroom 图库模块界面

➢ 中间是主视图区或工作区（Work Area），用于展示照片。图 1-9（a）中，在主视图区里显示的是"网格视图"（Grid View），它同时显示许多照片的缩览图（Thumbnail），缩览图的大小可用主视图区右下方的滑动条调节；图 1-9（b）是"放大视图"（Loupe View）的情况。按 G 键和 E 键可在网格视图和放大视图之间快速切换。在放大视图中，若照片和主视图区的长宽比不同，主视图区不会被照片填满。按 Ctrl 键（对于 Mac 计算机则是 Command 键）和加号键可使照片充满主视图区（部分照片内容会越出范围）。按 Ctrl 键（对于 Mac 计算机则是 Command 键）和减号键会从"填满"状态恢复到初始的"适合"状态。

➢ 主视图区上方的面板（Panel）中，左侧是身份标识区，可进行个性化设置，见第 2.6.4 节。右侧是用于选择模块的 7 个控制按钮，单击它们进入相应模块。图 1-9 显示的是图库模块。

➢ 主视图区下方的面板是胶片带（Filmstrip），也就是数码胶卷，展现当前选中的收藏夹里所有照片的缩览图，利用胶片带可方便地选择所要处理的照片。

➢ 主视图区左右两侧面板的内容与当前处于 7 个模块中哪一个有关。现在是图库模块，主视图区左侧从上到下是一组操作面板："导航器""目录""文件夹""收藏夹""发布服务"，单击操作面板左侧小三角符号可展开相应的操作面板，出现一系列操作工具，再次单击可将工具折叠起来。

➢ 主视图区右侧展开了当前选定照片的直方图，直方图下面的操作面板分别是"快速修改照片""关键字""关键字列表""元数据""评论"。单击右侧小三角符号会展开相应的操作面板，出现相关的操作工具。

在其他模块中，左右两侧操作面板分别有不同的内容和形式，将在相应章节逐步介绍。在主视图区和胶片带之间有一个工具条，关于工具条将在第 2.2.10 节详述。

在处理照片时常希望中间主视图区尽量大些，为此可分别单击上下左右的四个指向外部的小三角符号将周围的面板隐去，见图 1-9（a）中的红圈。这些面板被移出视野后留下的空间由主视图区占用，相应的小三角符号转而指向内部。再次单击它们则可重新显示这些面板，小三角符号重新指向外部。

在某一侧面板被隐藏的情况下，将光标放在小三角符号上而不必单击，会临时显示该面板以供操作，鼠标移开后恢复隐藏状态。但有时不经意将光标移过小三角符号会显示出隐藏的面板，成为一种干扰。可以对面板的显示/隐藏方式进行设置。右键单击小三角符号，出现如图 1-10 所示菜单，现在选择的是默认方式"自动隐藏和显示"。如果选"自动隐藏"，则该面板经常处于隐藏状态，只有单击小三角符号才能使它出现，光标离开面板后会自动隐藏。这适用于屏幕较小，大部分时间希望将面板隐藏的情况。选择"手动"，就是必须通过单击才能在显示和隐藏之间切换，光标移过小三角符号不会将面板显示出来。最下面一项"同步相对的面板"可与上面的方式同时选中，选了它则相对两侧的面板会同步显示或隐藏。

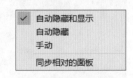

图 1-10　设置四周面板的显示/隐藏方式

还可用快捷键隐藏和显示面板：F5、F6、F7、F8 分别用于隐藏上下左右面板[1]，再按同一个键即可将隐藏的面板显示出来。按 Tab 键可同时隐藏和显示左右两组面板，同时按下

---

[1]　某些计算机（如微软的 Surface）已赋予 F5～F8 某些特定功能，则需要同时按下 Fn 键。

Shift 键和 Tab 键则同时隐藏和显示四周的所有面板。单击左右两个操作面板组及胶片带与主视图区之间的边界,光标会变为双箭头状,拖动光标可改变各面板的宽度以适应需要,但不能小于某个最小宽度。

Lightroom 定义了许多快捷键,熟记常用快捷键会带来极大的方便。但要记住全部快捷键并非易事,可在使用中逐步熟悉。记不住快捷键并不影响使用,Lightroom 提供了多种途径达到同样目的,用户总是可用鼠标单击按钮或通过菜单实现所需要的功能。附录 D 中的表汇集了全部快捷键。

操作面板

在不同的模块中,左右两侧是两组操作面板。一般说来,左侧各面板主要用于浏览、预览、寻找、选择照片,右侧用于编辑处理、个性化设置等。面板数量和功能取决于不同模块,这里介绍面板的基本操作方法,具体内容和功能在相关章节详细讨论。左(右)侧各面板可通过单击左(右)边的小三角符号展开或折叠,面板处于折叠状态时,小三角符号指向右(左)方,单击它展开面板,小三角符号转而指向下方。再次单击它重新折叠,小三角符号恢复指向右(左)方。

以图库模块左侧为例,共有 5 个面板,见图 1-11(a)。最上面的面板是展开的导航器,显示一张照片的预览。第二个面板是目录,处于展开状态,显示了"所有照片""快捷收藏夹""上一次导入""上一次导出为目录"4 项。另外 3 个面板(文件夹、收藏夹、发布服务)均处于折叠状态。右键单击任何一个面板,会弹出一个菜单,如图 1-11(b)所示。菜单上部是 4 个面板的名称,带星号的表示所单击的面板。左侧打勾表示该面板在界面上被显示出来,去掉打勾可隐藏相应的面板,例如图 1-11(a)中显示所有四个面板,中间的图中隐藏了"发布服务"①。

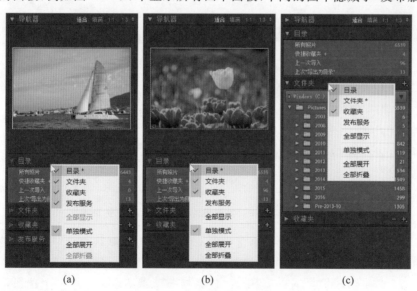

(a)   (b)   (c)

图 1-11　操作面板举例

---

① 发布服务包含 4 项内容,除"硬盘"外,其余 3 项服务在国内均不可用。发布到硬盘上实质上就是照片导出,可通过"导出"实现,具体方法见第 6.1 节。隐去不用的"发布服务"面板可使界面简洁。

图 1-11(a)和(b)的两个例子均选择了单独模式（Solo Mode），意即除了导航器外只允许展开一个面板，展开另一个面板会使原来展开的面板折叠起来，避免同时展开多个面板造成界面过于复杂。图 1-11(c)中显示取消了单独模式，同时展开"目录"和"文件夹"两个面板的情况。注意：这里通过单击导航器左侧小三角符号也将它折叠起来了。

单独模式对左侧的导航器面板和右侧的直方图面板不起作用。这两个面板在许多情况下很重要，所以它们是展开还是折叠不受其他因素影响，可以一直保持展开状态以方便处理。对于每一个操作面板组，需要分别设置单独模式。

1.3.4 使用前的准备：Lightroom 个性化设置

Lightroom 是图像数据库和图像处理引擎的结合，对数据库管理系统进行适当设置可使其功能符合用户特定要求。在开始使用 Lightroom 之前，建议进行一些必要的设置。

首选项

打开"编辑"菜单，选择"首选项"命令（对于 Mac 计算机则是单击菜单左端的"Lightroom"，在下拉菜单中选择"首选项"，参看附录 B），弹出如图 1-12 所示"首选项"（Preference）对话框，对于大多数选项可维持初始的默认状态，少数选项根据自己的偏好做一些调整。在熟悉的基础上，使用中还可以更改。以下介绍需要着重注意的选项。

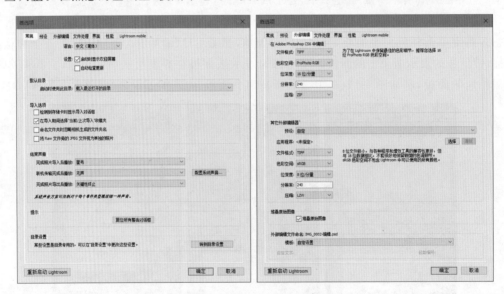

图 1-12 首选项的"常规设置"和"外部编辑"选项卡

在"常规"选项卡中，首先可选择语言为中文（简体）。在"默认目录"一栏里，建议保持默认的启动目录，即"载入最近打开的目录"。

在"常规"选项卡上的"导入选项"中，建议保持各项默认设置。第一个选择是要不要在检测到存储卡时显示导入对话框，如果选择了这一项，当计算机上插入存储卡或 USB 存储器时都会自动启动 Lightroom 并进入导入页面。如果不希望这样，就不要选中。一般不要选"导入选项"的第 4 项，如果选了，那么当相机设置为拍摄 RAW＋JPEG 时会将同一张照片的两个版本都导入。在 1.3.1 节中已经说明，与 RAW 同时记录在相机存储卡上的 JPEG

实际上只是对即刻分享有意义,在导入 RAW 的同时将它一起导入只是徒然占用硬盘空间。这是因为对 JPEG 的处理丝毫不比处理 RAW 省事,效果却较差,无法与 RAW 相比。只要有 RAW 存在,在 Lightroom 环境下同一张照片的 JPEG 版本就没有什么价值。"结束声音"可以根据使用偏好设置。

如果在安装 Lightroom 之前,计算机中已经有了 Photoshop,Lightroom 就会把它作为首选的外部应用程序,见图 1-12 右侧的"外部编辑"选项卡。调用外部程序处理照片时会启动 Photoshop 并载入照片,处理后按照设定的格式存盘并自动返回 Lightroom。建议保持默认设置不变,即文件格式为 TIFF,默认色彩空间为 ProPhoto RGB,位深度为 16 位,分辨率为 240,选用 ZIP 压缩。文件格式的另一项选择是 Photoshop 的专用格式 PSD,它不是通用格式,故不推荐。推荐默认的 ProPhoto RGB 色彩空间和 16 位深度可以在 Lightroom 中保留最佳色彩和层次细节。如果选择 Adobe RGB 或 sRGB,或者 8 位深度,将不能包含 Lightroom 能处理的全部颜色和色调信息。分辨率仅对打印有意义。关于色彩空间和分辨率见本节的"小贴士"。选择无损压缩 ZIP 或 LZW 可减小存盘的文件尺寸。

如果愿意,还可以设置其他外部编辑器如"光影魔术手"等,但没有必要,它们在处理功能方面配不上 Lightroom,兼容性也不理想,并不会带来什么好处。

图 1-13 显示首选项的另外两个选项卡:"文件处理"和"界面"。"文件处理"选项卡中部"文件名生成"栏目里,若将较多的字符视为非法,生成的文件名通用性更好。两种选择见图 1-14。图中选择了下画线替换非法字符和空格,也可选择短划线。选项卡下部的 Camera Raw 缓存设置中,只要硬盘够大,可将最大的容量设得大一些。如果用 Lightroom 处理视

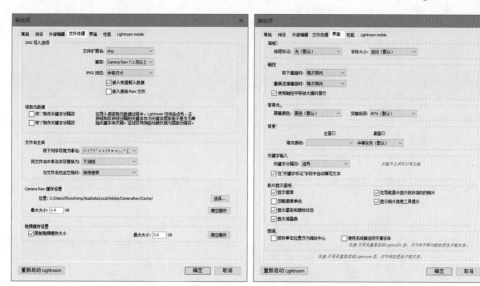

图 1-13 首选项的"文件处理"和"界面"选项卡

图 1-14 文件名生成

频,也要将视频缓存设置得大些。

小贴士

关于 ProPhoto RGB 和色彩空间

色彩空间是设备和软件能表现的颜色范围。常用的有 sRGB、Adobe RGB、ProPhoto RGB,其中 sRGB 覆盖的颜色范围最小,ProPhoto RGB 覆盖的颜色范围最大,见右侧的图。相机通常可设置成 sRGB 或 Adobe RGB,但这仅影响 JPEG 格式。拍摄 JPEG 或 RAW＋JPEG 时建议将相机的色彩空间设为通用性较好的 sRGB。对于 RAW,相机的色彩空间设置并无作用,因为 RAW 包含了相机感光元件获取的全部信息,Lightroom 和 Photoshop 均支持最大色彩空间 ProPhoto RGB。为最大限度表现丰富色彩,调用 Photoshop 时推荐使用 ProPhoto RGB。

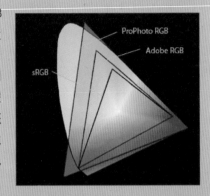

普通屏幕和不少浏览器仅支持 sRGB,显示色彩空间较大的照片会将超出范围的颜色压缩到 sRGB 范围,造成颜色异常,因此导出照片用于一般屏幕(包括手机)显示时应采用 sRGB 空间。

关于像素、分辨率、文件大小

要搞清楚以下几个概念:

➤ 图像的像素数,有时也叫图像尺寸。

➤ 分辨率,即单位长度(英寸)有多少像素,满足打印要求应达到 240～300ppi(每英寸像素数);为了屏幕显示和投影(如使用 PPT 时),72～96ppi 就够了。

➤ 照片几何尺寸,即打印出来的大小,一张 3000×2000 的照片,若分辨率是 300ppi,打印出来是 10×6.67 英寸。若分辨率是 240ppi,打印出来是 12.5×8.33 英寸。

➤ 文件大小:不同格式以不同编码方式存储数据,像素数相同的照片,文件大小差异可能很大。RAW 和 TIFF 采用无损编码,文件大;JPEG 是有损压缩,文件小。JPEG 文件的大小还取决于压缩率和图像内容的复杂程度。

目录设置

下一个重要的步骤是目录设置。前面已经提到,目录就是 Lightroom 的数据库,打开"编辑"菜单,选择"目录设置"命令(对于 Mac 计算机则是单击菜单左端"Lightroom"命令,在下拉菜单中选择"目录设置",参看附录 B),弹出如图 1-15 所示对话框,三个选项卡从上到下依次为"常规""文件处理""元数据"。

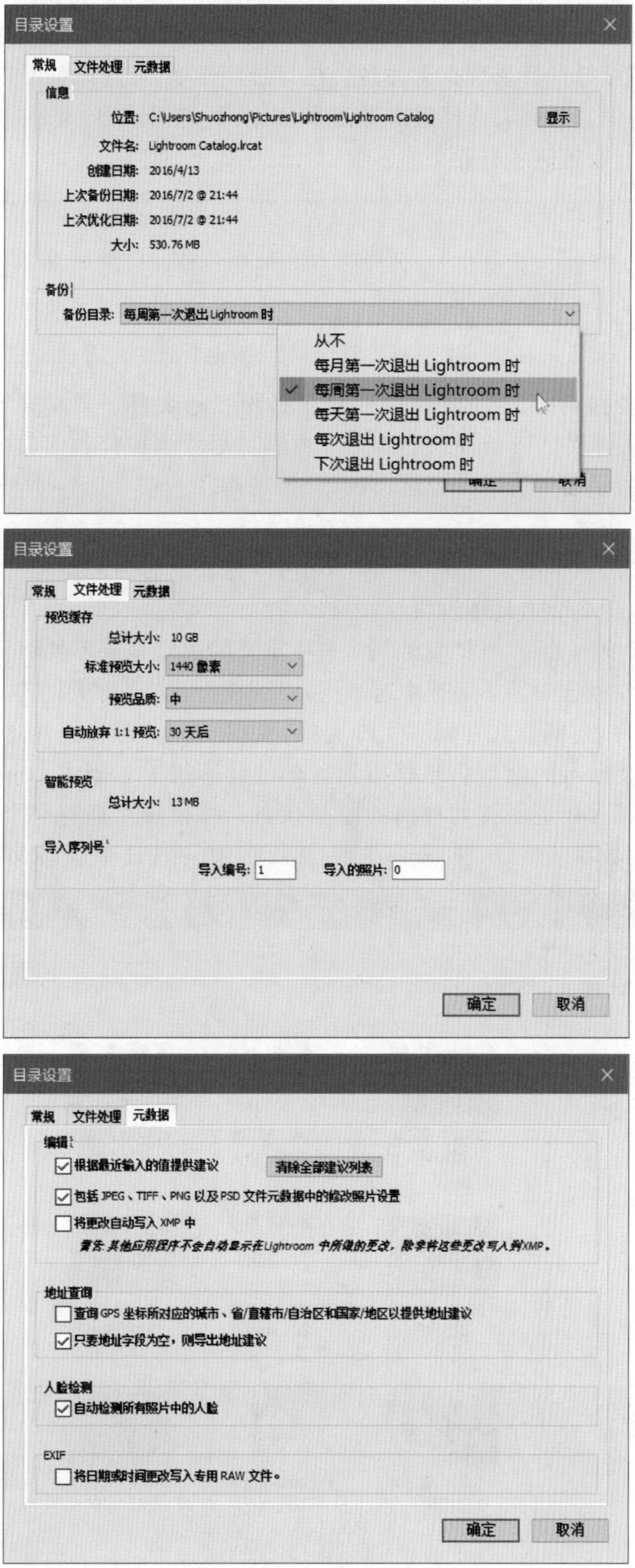

目录设置

常规 文件处理 元数据

信息

位置: C:\Users\Shuozhong\Pictures\Lightroom\Lightroom Catalog   显示

文件名: Lightroom Catalog.lrcat

创建日期: 2016/4/13

上次备份日期: 2016/7/2 @ 21:44

上次优化日期: 2016/7/2 @ 21:44

大小: 530.76 MB

备份

备份目录: 每周第一次退出 Lightroom 时   ⌄

从不
每月第一次退出 Lightroom 时
✓ 每周第一次退出 Lightroom 时
每天第一次退出 Lightroom 时
每次退出 Lightroom 时
下次退出 Lightroom 时

确定   取消

目录设置

常规 文件处理 元数据

预览缓存

总计大小: 10 GB

标准预览大小: 1440 像素   ⌄

预览品质: 中   ⌄

自动放弃 1:1 预览: 30 天后   ⌄

智能预览

总计大小: 13 MB

导入序列号

导入编号: 1   导入的照片: 0

确定   取消

目录设置

常规 文件处理 元数据

编辑

☑ 根据最近输入的值提供建议   清除全部建议列表

☑ 包括 JPEG、TIFF、PNG 以及 PSD 文件元数据中的修改照片设置

☐ 将更改自动写入 XMP 中

注意: 其他应用程序不会自动显示在 Lightroom 中所做的更改, 除非将这些更改写入到 XMP。

地址查询

☐ 查询 GPS 坐标所对应的城市、省/直辖市/自治区和国家/地区以提供地址建议

☑ 只要地址字段为空, 则导出地址建议

人脸检测

☑ 自动检测所有照片中的人脸

EXIF

☐ 将日期或时间更改写入专用 RAW 文件。

确定   取消

图 1-15   目录设置

在"常规"选项卡中，上部是关于目录的信息：在计算机上的位置、创建和备份时间、大小等。单击"显示"可打开目录所在文件夹。在"备份"栏里，可选择备份目录的时间，默认每周第一次退出时备份。也可以选择每次退出都备份，要定期从 Backups 文件夹中删除陈旧的备份，因为只有近期备份才有意义。

> **注意**　定期备份目录非常重要！因为你今后对照片所做的一切管理和编辑操作都记录在目录里，一旦目录损坏，你将丢失全部工作！如想要立即备份，选择最后一项"下次退出时"。

关于备份，还要强调的是，上面所说的只是备份目录文件。同样重要的是备份图像文件，就是图 1-7 中文件夹"\Pictures"里的全部内容。尽管当照片很多时备份照片会花费相当长的时间，但这很重要。有一个说法，只有一份就等于没有。万一不巧硬盘坏了，你就会为做好了备份感到庆幸。

在"文件处理"选项卡中设定标准预览大小时，建议设为与显示器分辨率接近的大小。关于预览将在第 2.1.2 节中具体说明。

在"元数据"选项卡上面一栏"编辑"中，一项重要的决定是要不要将更改写入 XMP 中，图中是默认状态，没有选中。如果选中这一项，对照片进行处理的所有信息将写入一个后缀为 .xmp 的同名文件，与照片放在同一文件夹中，见图 1-16。若将照片连同 .xmp 文件一起复制出来，就可以将所有的处理信息移植到另外的计算机上。删去 .xmp 文件就等于将已做过的处理作废，图像还是保持处理前的原始状态。每张照片都有一个 .xmp 文件相伴会使文件夹里的文件数目倍增（尽管 .xmp 文件很小）。如不选这一项，XMP 数据将被写入目

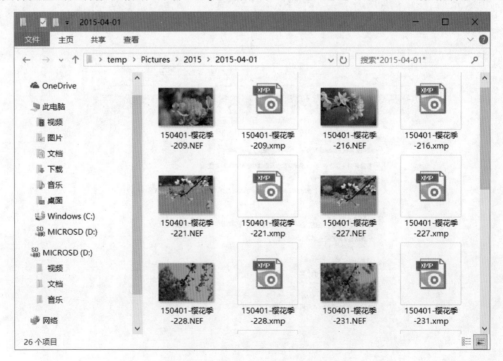

图 1-16　与照片并存的 .xmp 文件

录,这样就不会出现单独的.xmp 文件,Lightroom 能运行得较快并自动管理所有照片的元数据。当然,没有.xmp 文件就不能轻易地将处理效果转移到另外的软件环境如 Bridge 中,不过如有需要可同时按下 Ctrl 和 S 键(对于 Mac 计算机则是 Command 和 S 键)随时从 Lightroom 目录中提取 XMP 数据,在文件夹中生成.xmp 文件。因此,不建议另外生成.xmp 文件。

"人脸检测"是 Lightroom 6/CC 的新功能。如果选择了它,就会对每张导入的照片检测人脸。人脸检测和识别功能将在第 2.5 节讨论。

小贴士

XMP

　　XMP 是 Extensible Metadata Platform 的缩写,由 Adobe 公司提出,是国际标准,在多媒体领域有广泛应用。Adobe Camera Raw 将有关照片处理的信息按 XMP 格式记录下来,并不直接修改原始图像文件,而是生成一个后缀为.xmp 的同名文件。Lightroom 则可以选择将处理信息写入目录或写入.xmp 文件,无论哪种情况,原始照片不管是 RAW 还是 JPEG 都不会改变。在照片显示、打印、导出时,系统会根据 XMP 来渲染图像,使我们看到处理后的效果,或者得到处理后的图像。因此,Camera Raw 和 Lightroom 对图像的任何处理都是无损的。

1.4　Lightroom 6/CC 的新功能

Lightroom 6/CC 的主要新增功能有:人脸检测和识别、全景制作、HDR 合成、渐变滤镜和径向滤镜的画笔功能等。另外,在幻灯片制作和网页制作、对收藏夹的管理等方面均有改进。

> ➢ 导入照片时,可同时将照片添加到指定的收藏夹,或建立新的收藏夹,并将照片导入。详见第 2.1.2 节。

> ➢ 在 Lightroom 6/CC 照片收藏夹中增加了过滤功能,可选择显示有特定内容的收藏夹,便于复杂目录的搜索和管理。详见第 2.2.4 节。

> ➢ 人脸检测功能可自动找到照片中包含的正面人脸;人脸识别则能辨别是否某个特定人物,自动将用户标注的人名添加给识别出来的同一个人,通过互动,识别能力会不断增强。这些功能使你能快速找到包含特定人物的照片,还可根据人脸将照片分类组织。在一张照片中选一个人脸,你就能找到包含该人物的其他照片。人脸检测和识别见第 2.5 节。

> ➢ 以往的版本进行全景拼接和 HDR 合成必须调用 Photoshop。在 Lightroom 6/CC

中可直接将多张照片素材拼接成无缝的全景画面，表现广阔视野的丰富细节。通过 HDR 合成功能，可将多张不同曝光的照片素材合成为一张高动态范围照片，得到超高对比度的场景，产生超现实效果。照片合成见第 3.6 节。

➤ 渐变滤镜和径向滤镜的画笔功能使用户能灵活控制滤镜的作用范围，避免在局部区域处理中影响到不应触及的对象。可设置画笔的属性，方便地调整滤镜效果。分别参看第 4.2.2 节和 4.4.2 节。

➤ 幻灯片模块中增加了"音乐"面板，允许添加多首乐曲，并可设置不同的幻灯片播放模式，见第 6.4.1 节。

➤ 网页生成增加了不同的画廊布局样式，生成的网上相册能提供不同的浏览体验，具体见第 6.4 节。

1.5　本章小结

Lightroom 集管理、优化、分享于一体，是数码摄影后期的高性能工作平台，可完成绝大部分后期任务，如配上 Photoshop 可构成更为完美的后期处理系统。

使用 Lightroom 不难，只要掌握基本功能即可在实践中逐步精通。但因其设计思路不同于人们熟悉的软件（如 Photoshop），需要在刚开始时花时间熟悉它。

照片管理的核心是目录，其中包含除图像以外与照片有关的全部信息：拍摄设置、标注信息、存储位置、修改步骤和相关设置等。

将照片集中存放在一个文件夹下，根据自己的习惯按日期或主题组织子文件夹，有利于照片的有序管理、备份、迁移。

备份目录和图像文件非常重要，目录一旦损坏就丢失了所有的后期工作，图像文件一旦丢失就失去了一切。

可通过首选项和目录设置实现工作平台个性化。初学者可以选择保持默认设置不变，熟悉后随时都能重新设置。

第 2 章
照片管理

02

　　Lightroom能对电脑里数量巨大的照片进行有效管理，这是它区别于Photoshop的一个特色。必须从一开始就按规范来导入、标注、组织照片，并将之贯穿始终。在照片管理方面花费的精力将很快得到回报，你会发现从数以万计或更多的照片中找到需要的那张会变得前所未有的便捷，而且不再需要保存任何多余的照片副本。

2.1 照片导入

Lightroom 通过图像数据库管理照片，数据库就是目录（Catalog）。在第 1.1 节我们将 Lightroom 目录和照片的关系类比于图书馆里的图书目录和图书本身。图书目录包含的信息有书的存放位置（即在哪个书库，哪个书架，哪一层）和书的基本属性（如书名，作者，出版社，时间，摘要）等。目录本身不是书，它只帮助你找到需要的书。如果一本书没有列在图书目录里，读者就不知道有这本书的存在。Lightroom 图库模块用于照片管理，英文名称 Library Module 正好说明了图库和书库之间的类比关系。

还可以设想一下电子商城，仓库里有千千万万的商品，如果不把商品信息发布在网上，顾客就不知道你有什么，也就不会到你的商城里购买商品。网上公布的信息实际上只是商品的索引，不是实际商品，实际商品可能存放在不同的仓库，甚至相距千里。

Lightroom 目录包含有关照片的各种信息：文件名，存储位置；反映照片基本信息的元数据；关键字，评级，旗标；对照片进行修改的所有信息。关于照片的修改编辑将在以后几章讨论，现在我们考虑对照片的组织、管理、筛选、搜索等问题。

按照第 1 章所述，准备就绪就可以开始工作了。拍了照片，后期要做的第一件事就是将照片导入 Lightroom 环境。

注意 即使将照片复制到计算机硬盘上，如果不导入就不能被 Lightroom 识别，相当于把书放在书架上却没有编目。所谓导入，简单来说就是将照片入库，建立索引，让 Lightroom 知道照片存放在哪里，因此，一切都要从导入开始。

2.1.1 导入界面

有些初学者可能会感到导入比较麻烦，要进行很多设置，把它当成额外的负担。其实导入过程就是合乎逻辑的三步：

➢ 照片源：告诉 Lightroom，你要导入的照片在哪里。

➢ 导入方式：是将照片复制或移动到指定位置，还是照片已经就位，只是把它们添加到目录。

➢ 目的地：告诉 Lightroom 要将照片放到哪里去，顺便做一些基础性的标记等工作。

启动 Lightroom，进入图库模块。如果当前不在图库模块，单击右上方的"图库"命令。也可以按快捷键 G 进入图库模块的网格视图（Grid View），或按快捷键 E 进入放大视图（Loupe View）。有两种情况，第一种是将相机存储卡（或任何外部存储器如 USB）中的照片导入；另一种情况是将已经存储在计算机上的照片导入。

照片导入页面如图 2-1 所示，页面上部从左到右的三个红圈就是提到的三步：从哪里，以什么方式,导入到哪里。

图 2-1 导入页面

照片源

左侧是照片的"源",在这个例子中,计算机上插入了一张存储卡,Lightroom 会默认从卡中导入照片,因此 D:\(NIKON D750)被自动选中。也可单击下面的其他源,如 C 盘或插在计算机上的另一张 SD 卡。本例选中的存储卡上有 55 张照片,选择了全部导入。也可进行筛选,直接排除明显的废片,为此可移动主视图区右下方的"缩览图"滑动条增大显示的图像以便于选择。去掉照片左上角的"√"就排除了要淘汰的照片,照片预览区中相应的缩览图会变暗。如果只想导入许多照片中的少数几张,可单击主视图区下面的"取消全选",然后逐一选择要导入的照片。

> **注意** 如前所述,不同厂家的 RAW 格式不同,新款相机也会更新 RAW 格式。Lightroom 6/CC 支持各厂商的 RAW 格式,并定期更新以支持最新型号相机。若相机推出的时间晚于所用软件版本的时间,就可能无法识别新的 RAW,遇到这种情况就需要在官网上下载更新版。

导入方式

在图 2-1 上部的中间区域指定导入方式,有 4 个选项:复制为 DNG、复制、移动、添加。

(1)复制为 DNG:数字负片 DNG 是 Adobe 制定的统一 RAW 格式,见第 1.3.1 节。选这一项意味着在导入过程中对相机专用 RAW 格式进行转换,不再保存原来的 RAW 文件。JPEG 照片不能转换为 DNG。

(2)复制:这是从相机或存储卡导入照片的最常用方式,将相机拍摄的 RAW 或 JPEG

按原有格式存储到指定位置，并添加到目录。一般不主张直接将相机联到计算机上，而应该取出存储卡，通过读卡器或计算机内置读卡插槽来导入，这样速度较快，而且不易发生意外。如果在首选项中选择了自动打开导入页面，插入存储卡后导入页面就会开启。否则要单击左下方的"导入"按钮（见图 2-2），或按快捷键 Ctrl＋Shift＋I（对于 Mac 计算机则是 Command＋Shift＋I）打开导入页面。在从电脑以外的来源（存储卡或相机）导入照片时，只能选择"复制为 DNG"或"复制"两项，因为你必须把外部的照片文件复制到磁盘上。

图 2-2　导入按钮

（3）移动：照片已经存在于电脑硬盘或移动硬盘上了，但不是最后的目的地，需要将照片移到指定位置，并加入目录。这通常适用于将以往的照片纳入 Lightroom 管理。一般说来，新拍摄的照片是没有必要先复制到电脑再移动到位的。

（4）添加：已将新拍摄的照片复制到位，既不需要复制也不需要移动，只要将照片加入目录。实际上将新拍摄的照片先复制到电脑中的指定文件夹然后再添加也是不必要的，而且容易出错，造成混乱。建议直接从存储卡上导入照片，由 Lightroom 根据你的设置自动生成文件夹。

导入照片的去向

界面的右侧是导入照片的去向（目的地），例如："到 Windows（C：）"表示要将照片复制到 C 盘。默认是存储在 Lightroom 目录文件夹所在的"图片"中（见第 1.3.2 节）。要确定具体目的地，单击"到"或者右面的双箭头，在出现的下拉菜单中选择"其他目标"，见图 2-3。选择"C：\用户\…\Pictures"，即我们一开始建立的存放照片的文件夹（见图 1-7），随后这一路径会显示在"到"字下面。如要将照片放在外置硬盘上，也是这样选择。一旦选好了，下一次会自动定位到同一目的地，不必每次重复这些操作。

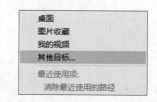

图 2-3　选择存储照片的文件夹

2.1.2　对导入操作的设置

导入页面右侧共有 4 个操作面板："文件处理""文件重命名""在导入时应用""目标位置"，见图 2-4，图中展开了"文件处理"面板。已经根据第 2.1.1 节中三个步骤的第三步确定了导入照片的去向，现在要依次展开导入页面右侧的 4 个面板进行设置。我们重点讨论用"复制"方式导入。

文件处理

展开最上面的"文件处理"面板，首先是"构建预览"输入栏。单击右侧的双箭头，在出现的下拉菜单中的默认选项是构建最小预览，见图 2-4 左侧的图。若选择"嵌入与附属文件"，则直接将 RAW（或 JPEG）文件中的缩览图（即相机屏幕上所见）用于照片预览。你也可以选择标准预览或 1:1 预览。标准预览的大小在"目录设置"的"文件处理"选项卡中设置，一般选择与显示器相适应的大小,可有效提高放大视图的显示速度(参看第 1.3.4 节),但导入时构建标准预览要花费额外时间。1:1 预览即与原始照片同样大小的预览,会占据很大的硬盘空间,通常没有必要。可设置自动放弃 1:1 预览的时间,默认为 30 天(参看第 1.3.4 节)。

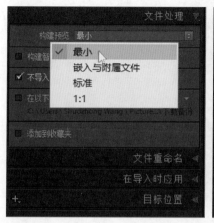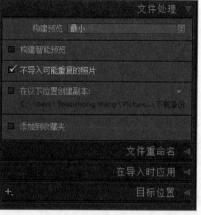

图 2-4　文件处理面板

以下是文件处理的 4 个可选项目:

(1)构建智能预览:如果你要将照片存放在外部硬盘上,并且希望在外部硬盘脱机时也能处理照片,就要选择这一项。智能预览是从 Lightroom 5 开始提供的重要功能,导入时构建智能预览需要花费额外时间。

(2)不导入可能重复的照片:建议保持默认的选中状态。对于 Lightroom 而言,图库中的重复照片没有意义,只会造成混乱。特殊情况下可临时取消选中。

(3)在以下位置创建副本:如果选择它,就会在指定位置(独立的外部硬盘)保留照片备份。如果不选这一项,就要定期将照片人工备份到另一个硬盘。关于备份的重要性参看第 1.3.4 节。

(4)添加到收藏夹:这是 Lightroom 6/CC 的新功能,有时会带来方便。可在导入的同时将照片加入已有的收藏夹,或建立新的收藏夹,同时将照片加入,但只能建立普通收藏夹,不能建立智能收藏夹。如果不选,可在导入后再创建收藏夹。关于收藏夹的讨论见第 2.2.4 节。

小贴士

预览和智能预览

Lightroom 通过各种预览展示照片。在网格视图、放大视图、修改照片等模块中,看到的都是各种形式的预览。预览在导入时和随后的操作中生成,有的只是暂时存在,有的则被写入预览文件夹,一切都是自动完成。

普通预览只能用于显示,若存放照片的硬盘脱机就无法进行处理。从 Lightroom 5 开始提供的智能预览改变了这一情况,使得你能够脱机处理照片,照片重新联机后会根据所做处理实现自动更新。

智能预览实际上是基于有损压缩 DNG 的小尺寸文件，约为原始 RAW 文件的 5%，图像长边为 2560 像素。导入照片时可在"文件处理"面板上选择对所有导入照片构建智能预览，也可在任何阶段打开"图库"菜单，选择"预览"命令，对选定的若干张照片构建智能预览，或者单击直方图左下方小方块旁边的文字（选择一张时）或张数（选择多张时），对选定照片构建智能预览，此时会出现构建智能预览的对话框。

智能预览使你能在外出时使用笔记本电脑而不必携带存放照片的硬盘，回来后插上硬盘将你所做的处理运用到原始照片文件上。智能预览也是节省主机硬盘空间的有效手段。将照片存放在外部硬盘上，生成智能预览放在主机上，这时在"\Lightroom"文件夹中会产生一个存放智能预览的文件夹\Lightroom Catalog Smart Previews.lrdata。万一原始照片遗失，智能预览也可以当作缩小的版本使用。

下面的图中，左侧是没有构建智能预览的情况，直方图左下方显示这就是原始照片的直方图。对存放在外部磁盘上的照片构建智能预览后，外部磁盘联机时直方图左下方显示"原始照片＋智能预览"，所做的处理会同时对两者起作用，见中间的图。外部硬盘脱机时，直方图下面仅显示"智能预览"，见右图（注意直方图有微小差异），此时所做处理针对智能预览。将外部硬盘联上后，会自动将处理应用于原始照片。

 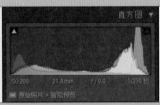 

文件重命名

强烈建议导入时对所有新拍摄的照片重新命名，因为相机生成的文件名并不包含有用信息，对检索没有帮助，而且文件的序号以 9999 为周期循环重复，不同照片可能会有相同的文件名，不同相机拍摄的照片文件名也会冲突。在导入时重新命名照片文件，可使它们具有一定的意义，并且保证唯一性。

（1）展开面板，选中"重命名文件"，单击上面第一个输入框，弹出菜单如图 2-5(a) 所示。

（2）选择"编辑"，弹出如图 2-6(c) 所示的"文件名模板编辑器"。可选择喜欢的文件名模板，例如"文件名-序列编号"，令文件名为"桃花"并从 001 开始计数，那么导入的照片就是：桃花-001，桃花-002，……也可以自己定义文件名的构成方法，例如图 2-5 中文件名包括拍摄日期、自定文本、序号。文件名包含拍摄日期在使用中会提供方便。

（3）在展开的面板上相应的输入框中输入自定义文本。起始编号一般保留默认的 1。也可根据情况从较大的数字开始，例如相继导入两张卡上的照片，第一张有 490 张，在导入第二张卡时，为避免文件名重复，可选择从 491 或 501 开始。不过也不用担心文件名重复，即使序号重复，Lightroom 会在后导入的照片文件名后面加上-2 相区别，并且以后可随时对一批照片全部重新命名，并不会造成混乱。

(4) 见图 2-5(b)，本例中导入照片文件名的样板为 160422-人像-001. nef。复制导入的照片保持原有格式，后缀. nef 表示是 Nikon 的 RAW 格式。如导入 JPEG，后缀即为. jpg。

实际上，在任何阶段均可对一组选定的照片重新命名。方法如下：在图库模块中选好照片后，选择"重命名照片"命令，或按快捷键 F2，出现如图 2-6(a)所示对话框，单击"文件命名"栏右端向下的箭头，在展开的菜单中选择"编辑…"命令（图(b)），就会出现右侧（图(c)）的对话框。单击选定项目右端的"插入"按钮就会将这一单元加入到文件名中。如图中的例子，先后插入"日期（YYMMDD)""自定文本""序列编号（001）"

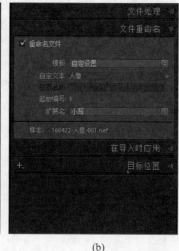

(a)　　　　　　　　　　(b)

图 2-5　文件重命名

三个单元，在相邻两个单元之间各加入一条短划线。单击"完成"，返回左上部的对话框，输入自定文本和起始编号，单击"确定"即实现重新命名。

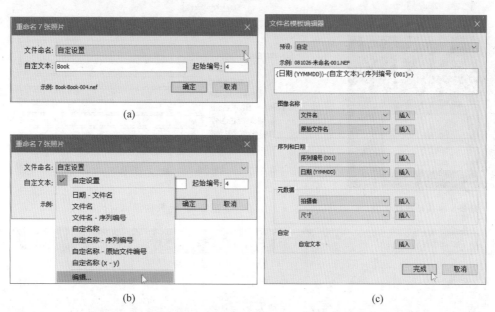

(a)

(b)　　　　　　　　　　(c)

图 2-6　文件重命名和文件名模板编辑器

在导入时应用

这一面板有 3 项功能：修改照片设置、元数据、关键字。单击"修改照片设置"，可在下拉菜单中选择各种预设，见图 2-7。

1）预设

预设是 Lightroom 的高效处理功能，详情见第 5.2 节。这一项通常可以不选，因为对于一大批照片应用同样预设的可能性不大。如果已知相机的固有特性（例如色温偏暖），可创建用户预设，在导入时对所有照片进行统一的校正。

2）元数据

所谓元数据就是关于数据的数据。这里提供对 IPTC 元数据的设置，在导入时最常用的就是添加版权信息以及对所有拟导入照片通用的其他文字注释（如拍摄者）等信息。例如图 2-8 中添加了版权信息。对于有关每张照片个性的信息需要逐张添加，不便在导入阶段加注。如图 2-9 所示为版权信息的设置（编辑）对话框。

图 2-7　修改照片设置

图 2-8　添加版权信息

图 2-9　元数据编辑对话框

小贴士

元数据

在图像文件中，除图像数据外，还有许多隐含的数据，称为元数据（Metadata），它们为照片管理提供重要信息。元数据是关于数据（对于数码照片即图像本身）的数据，分为两大类：

➢ 由相机生成的固有数据，如相机和镜头信息，拍摄时间、光圈快门等的设置等，这些称为 EXIF（Exchangeable Image File）的元数据是不可更改的。

> ➢ IPTC（International Press Telecommunications Council）信息，如后期添加的关键字、文字标注、评级、版权状态等，这些是可以添加、删除、更改的。

3）关键字

在导入阶段可根据一批照片的共性赋予关键字，如图2-10所示。例如"樱花""同学""九寨沟"。更多的关键字可在导入后添加或修改，详见第2.2.7节。

目标位置

前面已说明，导入操作的三个要素是：从哪里，以什么方式，导入到哪里。我们已经指定了存放照片的文件夹，如"C:\用户\...\Pictures"，即第1.3.2节所说的存放所有照片的文件夹。现在需要进一步设置在这个总的文件夹下如何建立子文件夹。

当Lightroom目录中已有的照片数量很多时，展开"目标位置"会出现相当长的列表，使界面显得混乱，看不清楚。单击面板左侧的"＋"号（见图2-11中的红圈），选择"仅受影响的文件夹"，所有无关的文件夹就会隐去，目标位置更清晰。

图2-10 导入时添加关键字

图2-11 设置目标位置

在总的文件夹下面如果不分类就可以保持默认状态，不选中面板左上角的"至子文件夹"。当然也可以选择分类，如风景和人像等，则可以选择它，指定第一层子文件夹名。

下一步是决定按什么原则建立以下的子文件夹，推荐选择默认的"按日期"（另一选项是"到一个文件夹中"）。单击"日期格式"决定一种文件夹命名方式。例如，这里选了"2016-04-23"，就是在"\Pictures"文件夹下建立一个年份子文件夹，在年份下再建立日期子文件夹。图2-11中，"\Pictures"以下出现了子文件夹"\2016"，右侧的"17/455"表示存储卡上有2016年拍摄的455张照片，选择其中17张准备导入（小方格里显示白色短划线，表示准备导入该时段里的一部分照片）。在"\2016"之下是最底层的文件夹"\2016-04-23"，数字"17"

说明存储卡上有 4 月 23 日拍摄的 17 张照片，小方格里打勾说明要全部导入。其他日期拍摄的照片都不导入，显示的字是灰色的，例如"0/5"表示这一天有 5 张，一张也不选，右面的小方格里没有白色短划线，也没有打勾。如果选中的照片不是同一天拍摄的，就会分别导入到几个文件夹里。

2.1.3　导入设置的精简显示

导入页面内容很多，为了看清楚究竟做了哪些设置，可单击页面左下角的三角符号（见图 2-12），将所有无关信息隐去，仅显示精简的设置情况。此时整个页面收缩成紧凑形式，不妨称之为导入摘要，如图 2-13 所示。导入摘要中列出了全部有关信息：

图 2-12　单击导入页面左下角的小三角符号显示导入摘要

➢ 将存储卡中的 17 张照片复制到"C：\ 用户 \...\ Pictures"文件夹下，添加至目录。

图 2-13　导入摘要

➢ 文件按拍摄日期组织，日期格式为 2016/2016-04-23。
➢ 忽略重复的照片。
➢ 建立最小预览。
➢ 重命名文件。
➢ 嵌入版权信息和关键字。

导入摘要页面的左下角原先指向上方的三角符号现在指向下方了。单击它可恢复完整的导入页面。

确认无误后，单击"导入"按钮，开始复制存储卡上的照片并导入目录（见图 2-13）。如果在导入对话框右上方"源"下面的"设备"栏中选中了"导入后弹出"（见图 2-1），导入完成后会自动弹出存储卡，可直接拔下。

要查看导入的照片，除网格视图、放大视图等预览模式外，还可在任何显示模式下按 F 键（Full Screen）实现全屏显示，再按一次 F 键将恢复原状。若因长宽比关系，两侧或上下有部分未被照片占据（即"适合"模式），可按 Ctrl 键（对于 Mac 计算机则是 Command 键）和加号键，然后再按 F 键，照片将充满全屏（部分区域会越出屏幕，即"填满"模式）。Lightroom 会记住这一选择，重复按 F 键将在平常的"适合"显示模式和放大填满全屏之间切换。按 Ctrl 键（对于 Mac 计算机则是 Command 键）和减号键可使全屏显示方式恢复初始的"适合"状态。

2.1.4 创建导入预设

以上过程似乎复杂，但你并不需要每次都重复它。单击导入面板里中下部右侧的双箭头（见图 2-1 和图 2-13 中的小红圈），在下拉菜单中选择"将当前设置存储为新预设"，弹出图 2-14(a)所示菜单，键入导入预设名称，例如"常用导入"，单击"创建"按钮，所有设置都被保留。下次要用同样设置导入照片时，在下拉菜单中选择预设的"常用导入"即可，见图 2-14(b)。但文件名中的自定文本和关键字需要根据实际情况重新输入。图 2-15 表示在导入时运用预设"常用导入"，修改了关键字，其余均不变，故在导入预设栏中显示"常用导入（已编辑）"。

(a)   (b)

图 2-14   创建导入的用户预设

图 2-15   运用预设"常用导入"，修改了关键字

2.1.5 导入计算机上已有的照片

将计算机硬盘上已有的照片导入目录比较简单。如果照片不在指定的位置，需要选择"移动"。在导入页面左面的"源"里，展开"文件"，找到硬盘上存放待导入照片的文件夹。如有必要，对照片进行筛选，去掉不要的照片。除了"源"不同外，其余操作与前面从相机或存储卡导入的情况完全一样，在右侧的 4 个面板中进行设置。

如照片已在指定位置，应选择导入方式为"添加"，也就是不移动和复制照片，只是将照片添加到 Lightroom 目录中。此时右面只有"文件处理"和"在导入时应用"两个面板。可选择"最小预览"和"不导入可能重复的照片"，根据情况决定是否创建副本。嵌入版权信息和关键字，启动导入，见图 2-16。图 2-17 是添加公式的导入摘要。

2.1.6 照片导入提要

Lightroom 导入选项不少，操作过程看起来比较复杂。实际上大多数步骤只要在首次使用时设置，Lightroom 会记住你的选择，以后通常只需更改少量文字（文件名中的"自定文本"和关键字）。记住导入操作的三部曲：从哪里，以什么方式，导入到哪里。新手若要快速入门，建议接受大部分默认设置，在此基础上通过极少的几个步骤顺利完成照片导入。可参

图 2-16　将计算机上已有照片添加到目录

图 2-17　用添加方式导入照片的摘要

看以下的导入提要，其中仅考虑从存储卡导入，采用复制方式。更多的个性化设置可在熟练使用后逐步增加。

① 电脑上插入存储卡（或用读卡器），在图库模块单击"导入"按钮，弹出导入对话框。

② 确认对话框左上角已默认选中存放照片的存储卡，在主视图区中选定需要导入的照片。

③ 确认导入方式为默认的"复制"。

④ 检查右上角"到"字后面是否显示指定存放照片的文件夹，如果不是，单击"到"字或右端的双箭头，在弹出菜单中单击"其他目标"，选择指定文件夹。

⑤ 重命名文件，第一次需指定格式。如果文件名中包含"自定文本"，输入文字。

⑥ 可以在"在导入时应用"中加上版权信息。

⑦ 根据导入照片的共性输入关键字。

⑧ 检查"目标位置"是否处于默认的"按日期"状态，指定一种"日期格式"。

⑨ 单击"导入"按钮。

以上默认设置只需确认，不必操作。除第 5、7 两步要每次输入不同文字外，其余各步都只在首次导入时加以关注，Lightroom 会记住设置，以后保持不变。

2.2 图库模块的操作面板和工具条

图 2-18 是图库模块的完整显示,主视图区所显示的照片就是在胶片带上选中(高亮)的那一张。左侧展开了"导航器"和"目录"两个面板,另两个面板"文件夹"和"收藏夹"处于折叠状态。单击左侧各个小三角符号可向下展开相应面板。"发布服务"已经隐去,参看第 1.3.3 节的脚注。右侧展开的直方图面板显示主视图区中照片的直方图。以下的几个面板"快速修改照片""关键字""关键字列表""元数据"均处于折叠状态。

图 2-18　图库模块

2.2.1　导航器

图 2-18 中导航器显示的并不是主视图区中显示的照片,而是光标所指的那张(胶片带中左起第 4 张)。无需单击照片,只要用光标掠过胶片带就能在导航器里快速浏览照片,这一功能有利于提高搜索照片的效率。导航器不受"单独模式"的影响,可以保持一直展开或一直折叠。

导航器右侧显示四个选项:适合、填满、1:1、可选比例。图 2-18 中"适合"二字为高亮,表示在主视图区中显示照片全貌,这是默认状态。选"填满"就是使主视图区充满图像,会有部分溢出。"1:1"是以实际尺寸显示照片,便于观察细节。凡是照片不能全部展示,光标即变为手形,单击光标移动照片可观看隐去的局部。图中可选比例为 1:3,即显示 1/3 大小。

单击右侧的双箭头可在展开的菜单中选择不同比例。

2.2.2　目录

图 2-18 展开的"目录"面板显示了目录中的照片数量，这里显示已导入的照片总数为 6596 张，其中有 4 张属于快捷收藏夹。上一次（最近一次）导入的照片有 50 张，上次导出为目录的照片有 13 张。关于收藏夹和快捷收藏夹的概念见第 2.2.4 节，关于"导出为目录"的内容将在第 2.7 节介绍。

2.2.3　文件夹

面板"文件夹"（Folder）显示了照片文件存放的位置。例如图 2-19 中展开的文件夹面板，可见绝大多数导入的照片都位于"\Pictures"文件夹以下按日期组织的子文件夹里。

拔掉存放照片的外置存储器会使照片失联，例如图 2-19 底部在文件夹图标上有一个问号，说明位于 U 盘文件夹"\2016"中的 5 张照片已经脱机。

图 2-19　文件夹面板

移动照片文件应尽可能避免在 Lightroom 环境之外进行，而要在图库模块的文件夹面板中操作。用鼠标选定一组照片或文件夹，单击并拖动到目标位置即可。这时会出现如图 2-20 所示对话框，单击"移动"按钮，Lightroom 会在移动文件的同时更新数据库，移动后的照片仍在目录中，而且保持各种属性和元数据不变，这个过程很快。图中的"无法还原"是指不能用快捷键 Ctrl＋Z[①] 撤销移动操作，可以不理会这一警告。

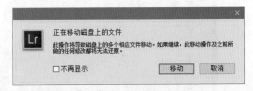

图 2-20　正在移动磁盘上的文件

若脱离 Lightroom 环境，在 Windows（或 Mac OS）的文件夹之间移动照片文件，会使 Lightroom 找不到曾经导入的照片。如果发生这种情况，可在 Lightroom 的"文件夹"面板中找到包含照片的新文件夹，右击它，在弹出菜单中选择"同步文件夹"，弹出如图 2-21 所示对话框，说明有 4 张新照片，选中"导入新照片"，然后单击"同步"按键将 4 张照片重新导入。

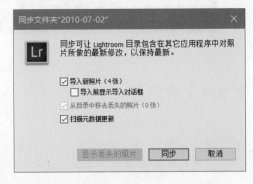

图 2-21　照片在 Lightroom 之外移动后需要重新导入

---

①　快捷键 Ctrl＋Z 是很有用的"撤销"命令，可用于撤销刚做的任何一步操作，并可连续使用。与之相反的是快捷键 Ctrl＋Y，用于重做被撤销的操作。

导入照片时指定目的地难免出错，利用"文件夹"面板可理顺硬盘上存储照片的文件夹结构。初学者暂时可以不关注"文件夹"面板，而将重点放在 2.2.4 节的内容。寻找丢失照片的方法将在第 2.7.4 节讨论。

2.2.4 收藏夹

收藏夹概念

收藏夹（Collection）是照片管理的核心，将照片导入 Lightroom 目录后，要做的第一件事就是建立收藏夹。这是因为除图库模块外，收藏夹是其他所有模块选择和定位照片的**唯一手段**。虽然也可根据存储位置在图库模块中从"文件夹"面板找到照片，但由 2.2.3 节可知，Lightroom 的文件夹面板并非为了定位照片，从文件夹中定位照片远不如收藏夹便利。

熟悉音乐播放软件（如 iTunes）的读者也许知道，**不管电脑里的 MP3 文件放在哪里，只要将它们收入"播放列表"（Playlist）就能轻易找到**。一首曲子可出现在几个不同的播放列表中。将音乐添加到播放列表，并不复制或移动文件本身，在播放列表中看到的并不是 MP3 文件本身，而是指向文件的"指针"。同一乐曲可出现在多个不同的播放列表中，如蓝色多瑙河属于"圆舞曲""施特劳斯""古典音乐"。反之，同一播放列表中的乐曲可存在于不同的文件夹中。

Lightroom 收藏夹具有类似的性质，分布于不同文件夹的照片可通过建立收藏夹来进行管理：按照各种不同要求和条件对图库中的照片进行分类、组织、筛选。将一张照片归入多个收藏夹中并不会产生任何多余的副本。每张照片在电脑里只需要一个图像文件，就是在导入时复制到指定文件夹里的那个。收藏夹中的"照片"应理解为指向该照片文件的指针，用第 1 章里的比喻，收藏夹好比图书馆里的卡片抽屉，照片本身相当于存放在书架上的书。一本书可有多张目录卡片，放在不同的抽屉里。丢弃卡片无损书籍本身，卡片可以重新制作，但如果书籍遗失了，尽管有卡片还是找不到书。Lightroom 通过收藏夹将分布在各文件夹里的海量照片组织得井井有条。

收藏夹和收藏夹集

收藏夹的数量可能会很多，Lightroom 通过分层结构对它们进行归并以免混乱，即"收藏夹集—收藏夹集—收藏夹集……收藏夹"结构。**收藏夹集**（Collection Set）不是收藏夹，它里面只能有下一层的收藏夹集，或者收藏夹。处于最下面一层的才是收藏夹，它里面是指向照片的指针，是实际照片存放在指针指向的地方，即照片导入时设定的文件夹中。图 2-22 为收藏夹面板展开的情况，其中"花卉"是收藏夹集，在它之下有"多肉植物""荷花集""菊花集""梅花节"等子集。在"梅花节"之下有 3 个收藏夹：梅花、梅花节留用、分享，分别指向 72、56、12 张照片。一张照片可以同时属于多个收藏夹，例如"分享"中的照片也被收藏在"梅花节留

图 2-22　收藏夹面板展开

用"中。

创建和删除收藏夹

单击收藏夹面板右侧的"＋"号会出现如图 2-23 所示菜单，可选择创建收藏夹、创建智能收藏夹（Smart Collection）、创建收藏夹集。单击"－"号删去选定的收藏夹，如要删除收藏夹集，会提醒你内部有其他收藏夹，是否确定删除。也可以用右键单击收藏夹或收藏夹集，选择"删除"。与创建新的收藏夹时并不会增加照片一样，删除收藏夹也不会从电脑里删掉任何照片。

右键单击收藏夹集，弹出的菜单如图 2-24 所示，同样包括创建收藏夹、创建智能收藏夹、创建收藏夹集。右键单击收藏夹时弹出的菜单有更多的项目，见图 2-25，其中"将此收藏夹导出为目录"的内容参看第 2.7.3 节的讨论。

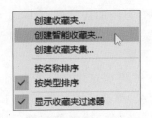

图 2-23　单击收藏夹面板右侧
"＋"号弹出的菜单

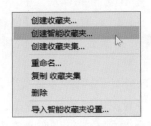

图 2-24　右击收藏夹集弹
出的菜单

图 2-25　右击收藏夹弹出的
菜单

普通收藏夹和智能收藏夹

图 2-22 中的"分享"是一个普通收藏夹。"梅花"和"梅花节留用"的图标上有一个星号，表明它们是智能收藏夹。你可以先选定一组照片，然后建立收藏夹，在出现的对话框中选中"包括选定的照片"，见图 2-26(a) 中的红圈，选定的照片就在新建的收藏夹中了。也可在胶

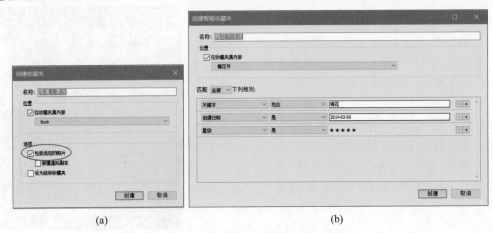

(a) (b)

图 2-26　创建普通收藏夹和智能收藏夹

片带中选择一张或多张照片,用鼠标将它们拖曳到普通收藏夹中去。

　　智能收藏夹是根据规定条件自动将照片添加进去的收藏夹,通常具有更强的照片组织功能,可帮你实现自动归类。例如要选出满意的梅花照片,单击"创建智能收藏夹",弹出如图 2-26(b)所示的对话框。键入名称"梅花节优选",指定放在名为"梅花节"的收藏夹集内部。规定匹配条件为全部满足:关键字包含"梅花",拍摄日期为 2014-03-05,星级是五星。单击"创建"按钮,即根据匹配条件建立了一个智能收藏夹"梅花节优选",里面包含满足全部三个条件的 8 张照片,见图 2-27。建立了智能收藏夹,以后只要有符合条件的照片都会自动加进来。若修改匹配条件则会改变收入其中的照片。

　　创建智能收藏夹对话框下部是匹配规则,可选择满足"全部"规则或"任一""无一"。单击每个收藏规则右侧的"＋"号可增加新的规则,单击"－"号则删除当前选定的规则。每一个匹配规则由三部分组成:左侧栏目是匹配依据,单击栏目右面的向下箭头展开的各种匹配依据如图 2-28 所示,这里选择了"其他元数据"中的"关键字";中间栏目是逻辑关系,如"是""不是""大于""小于等于";右侧栏目是数据或内容,例如图 2-26 中的"梅花"、"2014-03-05"、五个星号。

图 2-27　创建了新的智能收藏夹

图 2-28　智能收藏夹可选匹配条件

快捷收藏夹

　　快捷收藏夹（Quick Collection）是一个用于临时收藏照片的收藏夹，位于图库模块"目录"面板中，见图 2-18。有时要将某些特定的照片集中在一起，例如为了一次展示活动，或者打印出来提交展品。假设要收集一些近期拍摄的照片，分别进入收藏夹"人像：五星"，在网格视图中选定一张照片后按 B 键，或单击缩览图右上角的小圆圈，这张照片就进入了快捷收藏夹。可再从其他收藏夹（如"飞鸟"）中选择照片加入快捷收藏夹。

　　展开"目录"面板，选择"快捷收藏夹"，可以看到其中包括了刚才加入的照片。再按一次 B 键，或单击照片缩览图右上角的小圆圈，可将选中的照片从快捷收藏夹中移去。

目标收藏夹

　　注意图 2-18 展开的"目录"面板中"快捷收藏夹"右侧的"＋"号，它表示快捷收藏夹是一个**目标收藏夹**（Target Collection），也就是按 B 键（或单击缩览图右上角小圈）将照片自动加入其中的收藏夹。"目录"面板上的快捷收藏夹是 Lightroom 默认的目标收藏夹。

　　可以随时将任何普通收藏夹（非智能收藏夹）设置为目标收藏夹。例如，要从多个不同收藏夹中选一组照片，集中在一个收藏夹中用于打印。建立一个收藏夹"打印"，右击它，在出现的菜单中选中"设为目标收藏夹"，见图 2-29（a）。选择需要打印的照片，按 B 键或单击缩览图右上角小圈，照片就会添加到"打印"中，而不再进入快捷收藏夹。如图 2-29（b）所示，"打印"收藏夹中已有 4 张照片。"＋"号说明这是当前的目标收藏夹。此时"目录"面板中"快捷收藏夹"上的"＋"号消失（只能有一个目标收藏夹）。也可在建立普通收藏夹时直接选择菜单中的"设为目标收藏夹"，如图 2-29（c）所示。

　　　　　　(a)　　　　　　　　　　(b)　　　　　　　　　　　　(c)

图 2-29　将普通收藏夹设置为目标收藏夹

　　完成照片选择后，右击"打印"收藏夹，在菜单中取消选中设为"目标收藏夹"，将目标收藏夹属性归还给快捷收藏夹。也可以右击"目录"面板上的"快捷收藏夹"，选择"设为目标收藏夹"，恢复其目标收藏夹属性。通过设置目标收藏夹收集好需要的照片后，要及时将目标收藏夹的属性归还给快捷收藏夹，避免以后错误地将另一组照片加入到当前的收藏夹中。

　　如此建立的目标收藏夹是临时性的，但收入其中的照片（指针）却不会因为取消了目标收藏夹属性而消失。只要不主动将照片移出去，照片将会留在里面。灵活运用目标收藏夹可为照片组织管理带来很大的便利。

过滤收藏夹

过滤收藏夹是 Lightroom 6/CC 的新功能,见图 2-30(a)中的红圈。试在过滤器中输入"内蒙",见图 2-30(b),与内蒙无关的其他内容均被隐去,而仅显示包含"内蒙"二字的收藏夹,并展开包含"内蒙"二字的收藏夹集。这一功能使复杂目录的搜索和管理更为清晰而方便。

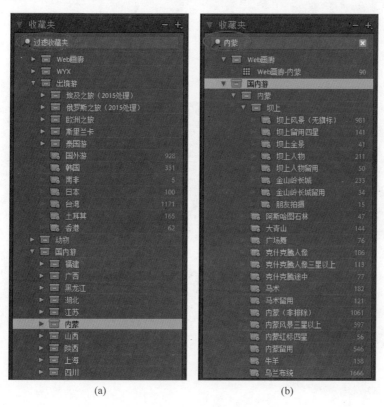

图 2-30　过滤收藏夹

小贴士

收藏夹要点

➤ 收藏夹里并不存放照片文件,而是指向照片的指针。导入的照片被收藏夹收藏后才能在"修改照片"等模块中找到,每张照片至少要被一个收藏夹收藏。

➤ 每个收藏夹收藏数量不等的照片,多个收藏夹又可以收藏同一张照片,它们指向的是同一个图像文件。Lightroom 不需要保存任何照片的多个副本文件。

➤ 利用收藏夹集、普通收藏夹和智能收藏夹,形成合理的分层结构,可以很方便地定位照片。

➤ 普通收藏夹收藏任意选定的照片,可随意将照片加入或移去。照片从收藏夹移去时,并不从磁盘上删除照片文件。

> 将普通收藏夹设为目标收藏夹，按 B 键将选定照片加入，可收集分布在各处的一组照片。位于目录面板上的"快捷收藏夹"是系统默认的目标收藏夹。
> 智能收藏夹是组织照片的强有力手段，它根据设定的匹配条件收藏照片。条件设置很灵活，常用条件包括拍摄日期、关键字、旗标、星级、色标等。可用任何元数据作为匹配条件。

文件夹、收藏夹、收藏夹集

　　照片存放在文件夹里，也就是导入时指定的图像文件存放位置。收藏夹里并不存放照片文件，而是存放指向照片的指针。收藏夹集就是收藏夹的集合，也可以是多个收藏夹集的集合。

> 文件夹类比于图书馆的书库和书架。
> 收藏夹类比于放卡片的抽屉。
> 收藏夹集类比于目录室和目录柜。
> 收藏夹里的"照片"实际上是指向照片的指针，类比于抽屉里的卡片。

　　图库模块的功能是管理照片。处于图库模块时，你的身份是图书管理员，你可以访问文件夹，好比图书管理员有权进入书库，到书架上取书。当然也可以进入目录室。

　　当你位于其他任何模块时，你的身份是读者，只能在目录室（收藏夹面板）里找到适当的抽屉（收藏夹），通过卡片来定位图书，而无权进入书库。因此，修改照片和其他输出分享模块里都没有文件夹，只能通过收藏夹来定位照片。

2.2.5　直方图

　　图库模块右侧最上面是直方图面板，见图 2-31。和导航器一样，直方图不受"单独模式"影响，可保持一直展开或折叠。

　　直方图具体形状取决于照片内容，可以从直方图大致了解画面的明暗分布情况。例如图 2-32 中的三张照片：左上角这张照片的总体亮度低，有大面积黑暗区域，直方图中高峰接近左端（亮度接近 0），高亮度像素很少；右上角这张照片的明暗适中，各种亮度的像素数目分布较均衡；下面这张照片的亮度较高，大面积天空和白雪很亮，直方图最高峰接近右端，左端（暗部）的次高峰对应于照片右下部深色区。

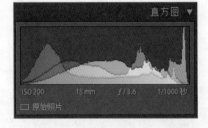

图 2-31　Lightroom 的直方图面板

　　理解图像的直方图对于拍摄和后期处理都极为重要，有必要学会根据直方图判断照片特征和曝光情况。在图 2-33 中，光照适中、曝光准确的照片层次丰富，从阴影到高光部分都有细节表现，体现为直方图从左到右都有分布，两端没有溢出，如图中上排左中两张照片。左上照片亮度较高区域以红色为主，上排中间的照片亮度较高区域以蓝色为主。如果直方图最左端出现高的尖峰,如上排右面的一张,说明有大量像素的亮度为 0,暗部层次全部丢失。如果直方图最右端出现细而高的尖峰,如下排左面这张,说明有大量像素超过了亮度的最高极限(溢出),一般说来这是摄影的大忌,拍摄时如发现这种情况要及时修正曝光设置。下排的另外两张,一张反差过小,整个画面绝大多数像素集中在很小的灰度值范围内;另一张中间灰度值的像素很少,大多数不是暗区就是高亮区。

图 2-32　不同照片的直方图比较

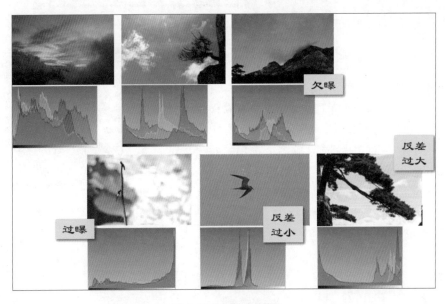

图 2-33　理解直方图

要善于根据拍摄目的和对象灵活理解直方图,准确曝光不一定总是正确的。有时需要适当的过曝或欠曝效果,允许直方图右端(高光部分)或左端(暗部)有一定的溢出。主要看是否正确体现拍摄意图,如夜景图片的直方图就是暗部区域高峰居多,高调照片的直方图中高峰更多地集中于亮部。

小贴士

解读直方图

　　直方图用一系列高度不等的竖条表示数据分布，横轴为数据类型，纵轴为出现的次数。右图表示学生身高分布，19 名学生身高在 158～161cm 之间，2 人在 152cm 以下。

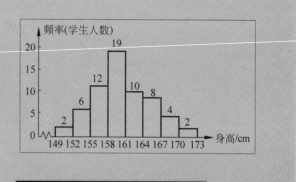

　　黑白图像的直方图表示像素值（灰度）的分布情况。横轴从左到右代表像素值从 0 到 255（8 位，如 JPEG 格式）或 65 535（16 位，如 RAW、TIFF 格式），即从最暗到最亮；纵轴表示像素数目。可同时将红绿蓝三基色的直方图显示在一个窗口中，如右图所示。图中表现了不同颜色成分的分布。

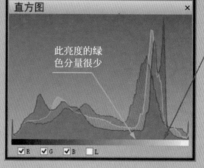

2.2.6　快速修改照片

　　展开的"快速修改照片"面板见图 2-34。"存储的预设"是 Lightroom 的快捷处理手段之一，其中有软件本身提供的一系列预设处理，见图 2-35（a）所示，例如，在"Lightroom 常规预设"中又有"中对比度曲线"等多个选项。对于预设将在第 5.2 节详述。展开"白平衡"，如果照片为 RAW 格式，就有图 2-35（b）的选项，默认是"原照设置"，其余各项为模仿相机的各种白平衡设置，效果与实际相机的设置可能略有差异。可见，拍摄 RAW 格式不一定要关心相机的白平衡设置，而可在后期任意调整。对于 JPEG 照片，只有"原照设置""自动""自定"三项，因为相机的白平衡设置已经在相机内加载了。关于白平衡的具体内容，请参看第 3.3.1 节。

图 2-34　快速修改照片

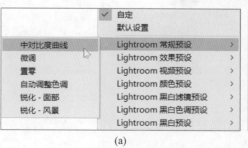

图 2-35　存储的预设和快速白平衡设置

"色调"控制可在进入修改照片模块之前快速调节照片的曝光度、清晰度、鲜艳度,具体调节方法见第5.3节。这些调整在"修改照片"模块均可实现,但方式不同。

2.2.7 关键字

关键字(Keyword)是组织和搜索照片的有力工具。在导入时,可以对一批照片添加共同的关键字,如2.1.2节所述。现在要给不同的照片添加更多关键字。例如埃及旅游,选择在机场拍摄的9张照片,展开"关键字"面板,在窗格中看到导入时添加的关键字"埃及"。在"单击此处添加关键字"栏目里键入"机场"并回车,新的关键字就被添加到选中的9张照片里,如图2-36中红圈所示。如果选择多张照片,右侧操作面板下面的"同步元数据"和"同步设置"会变亮,说明可将该组照片的元数据与其中选定的一张(如胶片带中加亮的第一张)同步。同步设置参看第5.1.1节。还可直接在显示关键字的窗口中添加关键字,用逗号将多个关键字隔开。

图 2-36　选择一组照片,添加关键字"机场"

要给一批不连续的照片添加同样关键字,按住Ctrl键(对于Mac计算机则是Command键)选取照片,再按上述方法键入文字。若要选一组连续的照片,先单击第一张,按住Shift键再单最后一张。

给多张照片添加同样关键字还有更便捷的方法:在图库模块的网格视图中使用工具条上的喷涂工具,如图2-37(a)中的小红圈所示,单击它将使光标变成喷壶状,喷涂工具离开原来放置的位置,在关键词栏中键入"机场",用喷壶单击机场的照片就会将关键字"机场"添加到照片上,见图2-37(b)。也可将喷壶划过连续的照片(不必单击)给多张照片添加同样的关键字。用完喷壶要将它放回原处。关于工具条的详细介绍见2.2.10节。

图 2-37 中"喷涂"右侧显示当前的喷涂内容是关键字。单击"关键字"右面的双向小箭头符号，在下拉菜单中可见还可将其他属性（标签、旗标、星级等）以及元数据喷到照片上，见图 2-38。

在添加关键字栏的下面是 Lightroom 根据当前操作和使用历史给出的"建议关键字"，再下面是关键字集（Keyword Set），例如，当前的关键字集是"肖像摄影"，关键字集就会包括室外、抓拍、时尚、头像等。单击这些关键字即可方便地添加到照片里。单击"关键字集"右端小箭头符号，在下拉菜单中选择"编辑集"，利用弹出的对话框编辑或新建关键字集。如果要新建，在"预设"栏中键入名称，然后单击"更改"。

选择多张照片，列出的关键字中有些会带星号，表示这组照片中至少有一张添加了这个关键字，但不是所有照片都有，例如图 2-39 的"机场 *"。删去星号就会将该关键字添加到选定的所有照片上。如果要去掉某一个关键字，只要将它从列出的关键字中删掉即可。

(a)

(b)

图 2-37　用喷涂工具添加关键字

图 2-38　喷涂工具的各种用途

图 2-39　星号表示选定的多张照片中仅一部分有此关键字

2.2.8 关键字列表

展开"关键字列表"（Keyword List）可看到 Lightroom 目录中的全部关键字，每个关键字右侧的数字表示添加了该关键字的照片张数，如图 2-40 所示。

图 2-40 关键字列表

用鼠标划过数字，单击右面出现的白色箭头符号，会在预览区内显示这些照片，例如图 2-40 中显示 89 张带有关键字"荷花"的照片。

关键字列表往往很长，可用鼠标拖放，将一些关键字设置为另一关键字的"子关键字"，例如，将"荷花""菊花""梅花"等作为"花卉"的子关键字。子关键字"菊花"以下还可以有下一层的子关键字，如图 2-41 所示，选择"菊花节""菊花优选""菊展"三项，拖到"菊花"之下，

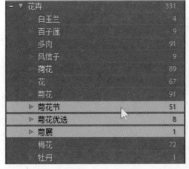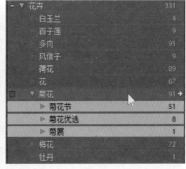

图 2-41 关键字列表分层

使之成为"菊花"的子关键字。

将光标移到列表中某一项左侧，会出现一个中间有白色短划线的黑色小方块，单击它可将该关键字添加到主视图区中选定的照片上，例如，在图 2-42 中将关键字"江鸥"添加到选定的 7 张照片上。

图 2-42　在选定照片上添加一个关键字

2.2.9　元数据

Lightroom 主要靠元数据（Metadata）进行管理。在第 2.1.2 节的小贴士中已经说明，元数据包括拍摄时由相机生成的固有信息（EXIF）和后期添加的可编辑信息（IPTC）。

选择一张照片，展开图库模块右侧面板"元数据"，单击面板上的双箭头符号，出现如图 2-43 所示的下拉菜单。选择"EXIF"，面板展现照片的 EXIF 信息如图 2-44 所示。EXIF 信息是在拍摄时自动嵌入照片文件的（无论 RAW 还是 JPEG），主要记录相机信息和拍摄信息：相机型号、镜头及其参数、光圈、快门、ISO、焦距、是否用了闪光灯等等。EXIF 信息通常不能自行编辑更改。

用户在后期可添加的元数据（IPTC）信息是可以自行编辑和更改的，它大大方便了用户对于海量照片的管理。IPTC 信息种类很多，以下几种常和 EXIF 信息一起用作照

图 2-43　元数据选项

片管理和检索的依据:版权信息、拍摄者信息、对照片的评级(星级)、颜色标记(色标)、取舍标记(旗标),对这些我们将重点关注。此外还可加上各种注释、评价、说明等文字信息。通过对关键字和其他标注信息进行检索,瞬间就能在成千上万张照片中找到想要的那一张,所以 IPTC 有助于进行基于内容的照片检索。

展开"元数据"面板。单击小箭头符号,在下拉菜单中可见"EXIF""IPTC""EXIF 和 IPTC"等选项。

单击"EXIF 和 IPTC",展开详细的元数据列表。可在适当的栏目中键入照片的标题和题注,例如图 2-45(a)的"晨读"和相关文字。

如果在导入照片时没有添加版权信息,可随时在列表底部找到"版权状态"和"版权",设置为"有版权",然后键入版权信息,见图 2-45(b)。

图 2-44　EXIF 信息

2.2.10　工具条

主视图区下面是工具条,不同模块和视图有不同的工具条,各自有一系列图标,用户可根据使用习惯和具体情况显示或隐去其中的一部分。图 2-46(a)是图库模块的网格视图,工具条左端第一个图标(网格视图,见红圈内)被加亮。如果视图中未显示工具条,可按 T 键使其出现,再次按 T 键将其隐藏。放大视图的工具条也是一样,见图 2-46(b),其中左起第二个图标(放大视图)加亮了。

(a)　　　　　　　　　　　(b)

图 2-45　标题、题注、版权信息

单击工具条右侧的小三角符号,可在展开的菜单中选择要显示哪些工具。如果屏幕较窄,容纳不下过多的工具,可将不常用或暂时不用的工具隐去。图 2-46 显示了全部工具图标,(a)为网格视图,(b)为放大视图的情况,以下依次说明。

(a)

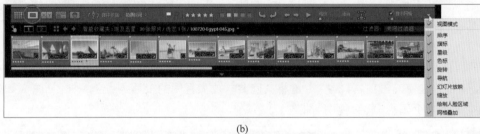

(b)

图 2-46　图库模块的工具条

视图模式

有 5 种视图模式，位于工具条最左端，自左至右依次为网格视图、放大视图、比较视图、筛选视图、人物。单击这几个图标分别进入不同的显示模式，快捷键分别为 G、E、C、N、O。关于比较视图和筛选视图将在 2.3 节讨论，人物（人脸识别功能）是 Lightroom 6/CC 的新功能，将在第 2.5 节详述。

喷涂工具

仅在网格视图中才有喷涂工具，用于将各种属性（标签、旗标、星级等）以及元数据添加到照片上，参看第 2.2.7 节。

排序

可指定照片在网格视图和胶片带中的排序依据，图 2-46 是通常习惯的按拍摄时间排序，也是推荐的常用排序依据。单击工具条上"拍摄时间"右面的双箭头符号，可在展开的菜单中选择其他有助于照片检索的排序方法,如图 2-47 所示。按需要重新排序可适应不同的筛选条件。

旗标、星级、色标

为了分类管理照片,Lightroom 有三种标注方法:旗标、星级、色标。

1)旗标

对于一张照片可赋予两种旗标:留用和排除,第三种状态是不加旗标。工具条上的白色小旗表示留用,单击它(或按 P 键)将选定的照片标为"留用"(Pick);黑色小旗表示排除,单击它(或按 X 键)将照片标为"排除"(Reject)。如对留用的照片再次单击白旗,对排除的照片再次单击黑旗,则可撤销旗标。按 U 键也可撤销旗标(Un-flagged)。标为排除的照片在胶片带和网格视图上会变暗,但并不会从 Lightroom 的目录中移去,更不会从硬盘上删除。关于移除或删去照片见第 2.3.4 节。

图 2-47 其他排序方法

2)星级

对于选中的照片,按数字键 1~5 即可将它标记为 1 星到 5 星,或者单击图库模块工具栏中的星号。例如,单击第 3 颗星将一张照片评为 3 星级。若要修改评级,单击第 4 颗星或按下数字 4,就变为 4 星级。再次单击第 4 颗星或按数字 0 可清除对该照片的评级。照片评级后,可利用过滤器进行筛选,例如仅显示你的 5 星级照片,仅显示 4 星级,或者仅显示大于等于 3 星的照片,等等。过滤器的使用将在下面陆续介绍。

3)色标

可以给照片标上不同的色标,如红、黄、绿、蓝、紫,单击工具栏中的颜色块即可,或者按下数字键 6~9 标记红、黄、绿、蓝。紫色没有相应的数字键。按另一数字或单击另一颜色块可改变色标。重复按下相同数字或单击同一颜色块清除色标。对一张照片可叠加使用旗标、星级和色标。可以用色标来表示不同的含义,例如 5 星级加上红色色标,表示好上加好;或用蓝色表示要打印。色标的使用非常灵活,对于色标可赋予固定的含义,也可以为某种目的而临时定义,用过以后将色标清除掉,完全由用户自己决定。

旋转

单击两个折角箭头形的图标,分别使照片逆时针和顺时针旋转 90°,可连续旋转。使用快捷键"Ctrl+["和"Ctrl+]"(对于 Mac 计算机则是"Command+["和"Command+]")可取得同样的效果,如果用户熟悉快捷键通常更加方便。

导航

用于选择照片,单击左、右箭头状图标选择当前照片的上一张或下一张。使用键盘上的左右键可能比单击工具更为方便。

幻灯片放映

单击指向右面的三角形图标可连续播放当前收藏夹中的照片。幻灯片参数在"幻灯片放映"模块中设置，见第 6.4 节。

缩览图大小

移动滑块改变网格视图中照片缩览图的大小。

缩放

改变放大视图中照片的显示尺寸。通常处于最小位置，显示的照片适合主视图区大小，此时滑动条右上方显示"适合"二字。单击照片可以 1∶1 显示，滑动条右上方显示"1∶1"。移动滑块可进一步放大显示，滑动条右上方显示缩放比例。当照片刚好填满主视图区长边时，滑动条右上方显示"填满"，照片边缘部分会超出显示区域，单击照片移动光标使超出部分进入显示范围，此时光标变为手形，可移动图像使之露出不同的部位。还可用快捷键"Ctrl"和加号或"Ctrl"和减号（对于 Mac 计算机则是"Command"和加号或"Command"和减号）在"适合"和"填满"模式之间切换。缩放显示功能也可通过单击导航面板右侧的四个选项来实现（2.2.1 节），通常更为方便。

绘制人脸区域

在放大视图中单击"绘制人脸区域"，用鼠标确定人脸范围并在问号处输入人名，实现人脸的人工标记。标注的姓名成为关键字，可用于人脸检索。关于人脸检索详见第 2.5 节的讨论。

网格叠加

选择"显示网格"，可在放大视图上显示网格，用滑块调节网格大小。

若要使界面简洁，减少工具条上的图标，不妨将旋转工具、导航工具、缩放等隐去，它们有快捷键或方便的替代方法。不常用的工具也可隐去。

2.2.11　图库模块界面提要

图库模块解决照片管理问题。初学者对于照片管理往往感到陌生，而这又正是掌握 Lightroom 所必须突破的一关。经验告诉我们，了解图库模块的基本内容不难，入门后再逐步掌握更多的功能，自然可达到运用自如的水平，一旦熟悉图库模块的主要功能，就能体会到 Lightroom 强大管理功能带来的便利。

> ➢ 导航器是定位和选择照片的利器，不受单独模式影响，可经常保持展开。
> ➢ 直方图可用来判断照片曝光情况，是修改照片的重要依据，也不受单独模式影响，只要屏幕足够大，建议保持展开状态。

> 若要在 Lightroom 管理的整个范围内搜索照片、删除或移除不需要的照片、临时收集一组照片,可进入"目录"面板。
> 收藏夹是管理照片的核心,照片至少要出现在一个收藏夹中,才能在其他模块中被找到。要利用收藏夹集、普通收藏夹、智能收藏夹来建立方便合理的分层结构。
> 关键字是组织和搜索照片的重要手段,要在导入中和导入后赋予照片恰当的关键字。关键字可以随时增加或删除。
> 元数据分为相机产生的固有信息 EXIF 和用户赋予的信息 IPTC 两类,两类数据均可用于照片分类和检索。
> 旗标、星级、色标是标注照片的三种主要手段,熟练运用可为照片管理提供方便。
> 初学者可以暂缓了解文件夹面板和快速修改照片面板的使用。

2.3　照片筛选

数码相机拍摄十分便利,几乎可以不计成本,人们常会对同一场景拍摄多张照片,不可避免地增加了后期处理负担。摄影水平提高后会减少盲目多拍,但还是要从多张照片中找出最好的一两张,也要找到较差的那些,如聚焦不良或人物表情欠佳的,立即删掉以节省磁盘空间和后续处理精力。

Lightroom 提供方便有力的照片筛选功能。本节介绍如何对一组类似的照片进行筛选。我们已经知道照片预览区的网格视图和放大视图,此外还有筛选视图(Survey View)和比较视图(Compare View),以及 Lightroom 6/CC 的新功能——人物(People),见图 2-48。回顾第 2.2.10 节,单击工具条上的相应按钮或按 G、E 键可进入网格视图和放大视图。单击相应按钮或按 N、C、O 键进入比较视图、筛选视图、人物。关于人物将在第 2.5 节讨论。

图 2-48　工具条图标:网格、放大、比较、筛选、人物

2.3.1　初步筛选排除废片

本节以实例说明如何对一组照片进行筛选。将 10 张同一场景拍摄的照片赋予关键字"筛选",建立一个智能收藏夹"筛选举例",满足的匹配条件是拍摄日期 2013 年 7 月 24 日,并具有关键字"俄罗斯"和"筛选",见图 2-49。也可建立一个普通收藏夹,并将它设为目标收藏夹,按 B 键将这 10 张照片加入。

预览区内显示选定的照片,这是网格视图,双击第一张照片,进入放大视图,见图 2-50。为扩大主视图区,隐藏了上部和右部的面板。

图 2-49　建立一个智能收藏夹"筛选举例"

图 2-50　在放大视图中进行筛选

　　我们要选出最好的一张照片。按向右方向键逐一观察每张照片，对明显不满意的照片，
按 X 键标记为"排除"，图 2-51 中排除了 4 张照片。排除的照片仍留在目录中，后面将介绍
如何从目录中移去或从硬盘上删除照片，现在暂时让它们留着。初选之后，留下了 6 张
照片。

图 2-51　排除了 4 张照片

2.3.2　进一步筛选

　　按住 Ctrl 键(对于 Mac 计算机则是 Command 键),在胶片带中逐一选择保留的 6 张照片,按 N 键进入"筛选视图",6 张照片同时显示在主视图区中,为了扩大显示区域,将左侧面板也隐藏起来,如图 2-52 所示。也可先单击"筛选视图"图标,按住 Ctrl 键(对于 Mac 计算

图 2-52　加入 6 张照片进行筛选

机则是 Command 键)逐张选择照片将它们加入进来。

　　将光标移到 6 张照片中最差的一张上，右下角出现 X，单击 X 将它排除出筛选显示区。为了便于比较，可用鼠标拖动筛选视图中的照片重新排列。照此进行，可再排除一张，见图 2-53。

图 2-53　逐张排除

　　按 P 键将 4 张照片标记为"留用"，见图 2-54，每张照片左下角的白旗表示已经留用。为了扩大照片显示区域，这里将胶片带也隐藏了。

图 2-54　按 P 键将 4 张照片标为"留用"

2.3.3 择优

按 C 键进入比较视图,对 4 张留用的照片进行最后的比较,如图 2-55 所示。

图 2-55　比较视图

比较视图中显示两张照片,左面是"选择"的照片(Selected),右面是"候选"照片(Candidate)。在胶片带中,选择的照片右上角有一个白色菱形图标,候选照片右上角有一个黑色菱形,见小红圈。如果左面选择的照片确实较好,按"向右"方向键用下一张留用照片替换候选照片,将它与选择的照片比较。如果它比第一次选择的照片更好,单击"互换"按钮(图中黄圈),使"候选"变为"选择"。再用"向右"方向键将第 4 张留用照片与新的候选照片比较,选出最好的一张。

回到网格视图,将最终选择的一张标为红色(单击红色图标或按数字 6),见图 2-56。其中有 4 张在初选中被排除(黑旗),两张在筛选时未被选中(没有旗标),4 张留用(白旗),一张最优(红色)。对于没有旗标的两张,可根据情况决定排除还是保留在目录中。

2.3.4　移去或删除排除的照片

可从磁盘上删去排除的照片,也可将照片从目录中移去而仍将文件留在磁盘上。选择"删除排除的照片"命令,见图 2-57,或通过快捷键 Ctrl＋Backspace(对于 Mac 计算机则是 Command＋Delete)。

弹出的对话框会要你选择从磁盘删去排除的照片还是仅从目录中移去。通常应选择从磁盘删去排除的照片,因为废片留在磁盘中并无意义。见图 2-58。

在智能收藏夹中无法删除照片。若试图删除,会出现如图 2-59 所示对话框。按其中所

图 2-56　从 10 张照片中选出了一张

添加到目标收藏夹(T)	B
在放大视图中打开(U)	Enter
在资源管理器中显示(B)	Ctrl+R
转到图库中的文件夹(O)	
锁定到副窗口	Ctrl+Shift+Enter
在应用程序中编辑(E)	>
照片合并	>
堆叠(X)	>
人物(P)	>
创建虚拟副本(I)	Ctrl+'
设置副本为主体照片(P)	
逆时针旋转(L)	Ctrl+[
顺时针旋转(R)	Ctrl+]
水平翻转(H)	
垂直翻转(V)	
设置旗标(F)	>
设置星级(Z)	>
设置色标(C)	>
✓ 自动前进	
设置关键字(K)	>
添加关键字(Y)...	Ctrl+K
修改照片设置(G)	>
移去照片(R)...	Backspace
从目录中移去照片(M)	Alt+Backspace
删除排除的照片(J)...	Ctrl+Backspace

图 2-57　删除排除的照片

图 2-58　选择从磁盘删除或从 Lightroom 目录中移去

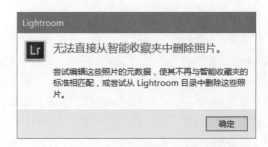

图 2-59　无法从智能收藏夹直接删除照片

说"编辑元数据,使其不再与智能收藏夹的标准匹配"只能将照片从该智能收藏夹中移去,而不会从硬盘上删除。如欲删除排除的照片,需要转到图库模块"目录"面板的"所有照片"中,再按快捷键 Ctrl＋Backspace(对于 Mac 计算机则是 Command＋Delete)。如果是普通收藏夹,虽然可直接将照片从收藏夹中排除,也不能从磁盘删除,要从磁盘中删除还需要转到图库模块"目录"面板的"所有照片"中。不会意外地从收藏夹删除照片文件说明操作收藏夹是安全的,但难免有些不便。

2.3.5　照片筛选提要

照片筛选功能使用户能方便而准确地从一组类似照片中排出最好的一张,排除不需要的废片。

➢ 在放大视图逐一观察一组照片,按 X 键将明显的废片标为"排除"。

➢ 按 N 键或单击相应工具进入筛选视图,在胶片带上单击要筛选的照片,使它们同时显示在主视图区中。可按住 Ctrl 键单击更多照片加入筛选队列。

➢ 将光标移到最差的一张,单击右下角的 X 将它移出筛选队列。

➢ 照此继续进行,直到留下可保留的几张,按下 P 键将它们标为"留用"。

➢ 单击 C 键进入比较视图,比较左侧"选择"和右侧"候选"两张照片。

➢ 如左侧照片较好,则按向右键使下一张留用照片成为候选;如右侧照片较好,单击"互换",将"候选"照片变为"选择"。

➢ 比较结束,将最好的一张做好标记,例如标为红色。

➢ 将排除的照片从磁盘上删去。

2.4　过滤器和照片检索

本书一开始介绍过,通过对照片进行管理,可将电脑里数以万计甚至更多的照片整理得井井有条,因而能轻而易举找到需要的任何一张。根据照片的元数据,包括固有的 EXIF 数据以及添加的关键字、旗标、星级、色标、文字等信息,可以方便地对照片进行搜索。

我们首先要告诉 Lightroom 在什么范围内搜索。单击胶片带上面的信息栏,在下拉菜单中选择搜索范围,见图 2-60。如果要在某一收藏夹(集)中搜索,就进入那个收藏夹(集),例如图中名为"福建"的收藏夹集。如果要在整个目录中搜索就单击最上面的"所有照片"。

在图库模块中,选择菜单项中的"视图"命令,选择"显示过滤器栏"命令(或按反斜杠"\"键)可调出图库过滤器,它出现在网格视图上方。如果是在放大视图,启用过滤器后就会自动切换到网格视图。按快捷键 Ctrl＋F(对于 Mac 计算机则是 Command＋F),也可启用过滤器。要隐藏过滤器,进入"视图"菜单取消选择"显示过滤器栏"(或再次按反斜杠"\"键)。过滤器的上部有"文本""属性""元数据""无"四项,前三者是过滤依据,见图 2-61 的三种过滤器栏。如要关闭过滤器就单击"无"。

图 2-60　确定搜索范围

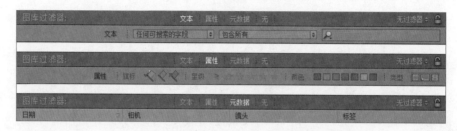

图 2-61　出现在网格视图上面的过滤器栏

2.4.1　根据文本搜索

例如在收藏夹集"福建"中搜索。可根据文本来搜，单击"文本"使它变亮，如图 2-61 上图所示，选择搜索类型是"任何可搜索的字段"，条件是"包含所有"。在右侧有放大镜的栏目中键入"火车站"后，立即返回 8 张照片，见图 2-62（集内共有 54 张照片，见图中红圈），因为这 8 张照片带有关键字"火车站"。

图 2-62　根据文本搜索

可搜索的文本类型以及匹配条件,见图 2-63 中的下拉菜单,可见,Lightroom 的搜索手段十分灵活。例如,将匹配条件改为"不含",就会返回指定搜索范围之内任何可搜索的字段中都不含"火车头"三个字的 46 张照片。

图 2-63　文本类型和匹配条件

2.4.2　根据属性搜索

单击图库过滤器上方的"属性"使它变亮,注意,还要单击"文本"使之关闭(变暗),如图 2-61 中间的图所示。此时,下面的选项条上出现各种属性:旗标、星级、颜色。根据星级搜索,例如单击第 5 颗星,则返回 5 星级照片 11 张,见图 2-64(a)。再单击留用旗标,同时满足 5 星和留用两个条件的照片有 8 张,见图 2-64(b)。同时满足 5 星、留用、蓝色三个条件的照片有 3 张,见图 2-64(c)。

如不关闭"文本",它将和"属性"一起作为搜索条件,也就是说,照片必须同时满足两方面的条件才会被找到。图 2-64(d)表明,满足以上 5 星、留用、蓝色三个属性,同时文本中又不含"火车站"三个字的照片有 2 张。

2.4.3　根据元数据搜索

可根据嵌入照片中的元数据搜索,如用哪一款相机,镜头类型,用多大光圈,在哪一天拍摄等。如图 2-65 所示,在所有照片中搜索,有 471 张照片拍摄于 2015 年 5 月,其中 465 张照片是用 Nikon D800 拍摄的,在这 465 张照片中,有 316 张用了 24.0-120.0mm f/4.0 镜头,而在这 316 张照片中,123 张有红色标签,193 张无标签。

(a)

图 2-64　根据属性搜索

(b)

(c)

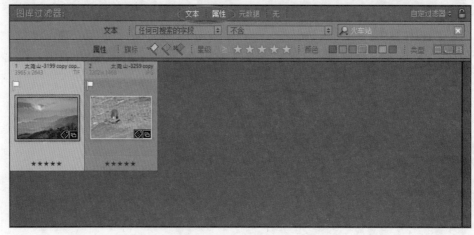

(d)

图 2-64 （续）

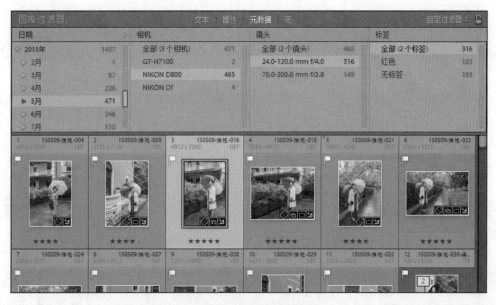

图 2-65　根据元数据搜索

将光标移到搜索条件的任何一项并单击它,可在下拉菜单中选择改用其他条件,如单击"镜头",其他可用匹配条件出现在下拉菜单中,见图 2-66。

图 2-66　可选的元数据搜索条件

单击搜索条件右端小三角符号，从下拉菜单中选择添加列或移去此列以改变搜索规则，见图 2-67。例如添加了一列"关键字"，如图 2-68 所示，找到 2015 年 5 月拍摄、使用 Nikon D800 相机和 24.0-120.0mm f/4.0 镜头、带红色标签、有关键字"森林公园"的照片 7 张。

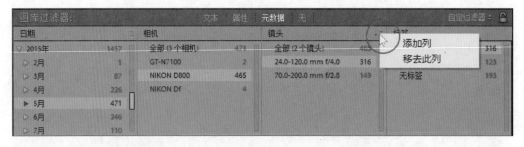

图 2-67　添加列或移去此列以修改搜索规则

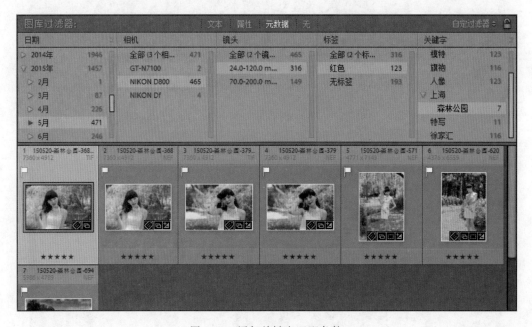

图 2-68　添加关键字匹配条件

2.4.4　照片检索提要

在 Windows 环境下，要从海量照片中找出需要的一张或几张照片是非常困难的。Lightroom 提供强大的检索功能，可根据照片固有的 EXIF 数据以及后期添加的标记和文字进行快速检索。

➢ 确定搜索范围：某个收藏夹或收藏夹集，或是全部照片。

➢ 从菜单"视图"中选择"显示过滤器栏"或用快捷键"\"启用过滤器。

➢ 根据文本、属性、元数据进行搜索，可对其中一项或多项设定搜索规则。

➢ 单击过滤器栏，在下拉菜单中增加、减少、更改匹配条件。

2.5　人脸检索

人脸检索是 Lightroom 6/CC 最具吸引力的新功能。软件会利用人脸检测技术对目录中的所有照片或指定收藏夹中的照片进行搜索，自动找到人脸区域；通过人脸识别技术识别出相似度高的人脸，将它们归在一起。用户可对人脸进行命名。随着人机交互的进展，系统不断提高识别能力，并将已知人名赋予识别为相同的人脸。标注的人名和系统自动添加的人名会自动成为关键字，可方便地用于人像检索。

2.5.1　人脸区域检测

自动检测和识别

图 2-69 是 Lightroom 6/CC 图库模块的网格视图，当前展开的是智能收藏夹"明星"，其中收藏了 188 张包含人像的照片①。

图 2-69　在网格视图展开一个包含人像的智能收藏夹

---

① 本节所用影星照片取自网络。

单击左上方的小三角符号（图 2-69 中红圈内），使它旋转指向下方，出现的下拉菜单与以往版本的区别在于增加了地址查询和人脸检测，见图 2-70。在默认状态下，人脸检测功能并未启动，在下拉菜单中可见人脸检测处于暂停状态，见图中黄框内，右侧气球提示框中说明："已禁用人脸检测"。

图 2-70　启用和暂停人脸检测

单击"人脸检测"选项或右端的小三角符号，使之变为两条竖线，人脸检测被启动（见红框内）。此时，Lightroom 开始对目录中的所有图像进行检测，标记人脸区域。如果照片数量很多，这一过程会花费相当长的时间。红框右侧气球提示框中说明："已启用人脸检测。Lightroom 会对你所有照片中的人物面部编制索引。该索引可用于快速载入'人物'视图。"可以随时单击"人脸检测"暂停或重启检测过程。

在 Lightroom 6/CC 的图库模块工具栏左端，除了网格视图、放大视图、比较视图、筛选视图 4 个图标外，还有一个人脸形的"人物"图标，见图 2-71（a）中的红圈。第一次单击它会出现（b）图中所示对话框。选择"开始在整个目录中查找人脸"与单击身份标识中的"人脸检测"（见图 2-70）等效。如果仅检测选定的收藏夹，可选择"只根据需要查找人脸"。该对话框以后不会再次出现。

单击"只根据需要查找人脸"，在当前收藏夹中进行检测，此时会进入人物视图，并在Lightroom 界面左上角的标记区（见 1.3.3 节）下部显示人脸识别进度条。图 2-72 是检测完成后的情况，显示对于收藏夹 Star 中 188 张照片的检测结果。Lightroom 将相似人脸叠在一起，每一堆叠中的人脸数目在左上角用数字标明。此时人物视图上面的统计数字表明，检测到的 204 个人物全部属于"未命名的人物"，人脸堆叠按人脸数量降序排列。"已命名的人物"栏目中没有照片。

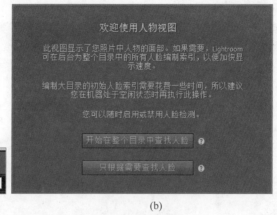

图 2-71　人物图标，首次单击时出现右面的对话框

图 2-72　人物视图：搜到的人物全部未命名

　　单击人脸堆叠左上角的数字可展开堆叠。对展开的人物头像或堆叠进行命名，在下面的问号处输入人名，命名后便进入上部"已命名的人物"区。被命名的同一个人物会叠在一起，见图 2-73。随着输入人名的增加，Lightroom 会越来越多地自动识别相似的头像。例如，系统识别图中未命名的第一个头像为褒曼，可单击左下方的勾（即图中红圈）进行确认，使它进入已命名的堆叠"褒曼"中。同样，随后的堆叠和另外几个头像可确认为赫本。

　　如果系统识别错误，单击头像右下角的否认图标（见图 2-74），或输入正确的名字。对于可识别的未命名人物，还可直接用鼠标单击后拖动到已命名人物上。

图 2-73　人物命名

人工绘制和标注

可单击工具条上的"绘制人脸区域"，以人工方式勾画人脸部位并命名，见图 2-75。输入的人名会成为照片的关键字，可用于人脸检索。若对同一人物的多张照片进行了人工标注，系统会自动识别他/她的更多照片。

图 2-74　确认或否认

图 2-75　人工绘制人脸区域并标注

2.5.2　寻找包含指定人物的照片

双击已命名人物的头像,展开该人物的人脸缩览图。图 2-76 展开了已确认的 14 个派克的人脸,在"相似"类别下面是系统估计的疑似派克人脸,对于正确的可以确认,其余不必理会。

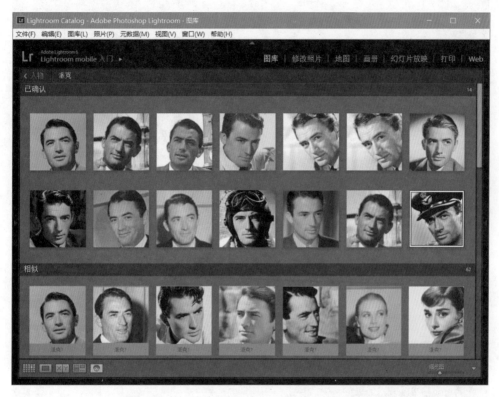

图 2-76　展开已确认的 14 张已命名头像

双击其中第一张派克头像进入放大视图,展示包含该人脸的照片,见图 2-77,其中标出了已经识别的赫本,另一人未被识别,知道他是艾伯特,可在问号处输入"艾伯特"。

2.5.3　利用人脸识别功能搜索照片

人脸识别功能是照片检索的有力手段。对人脸的命名同时成为照片的关键字,可用它建立智能收藏夹,或通过文字检索找到包含指定人物的照片。如图 2-78 所示,选定的照片已添加了关键字"赫本"和"派克"。建立包含关键字"派克"的智能收藏夹"格里高利_派克",有 14 张照片进入该收藏夹。

> **注意**　由人脸识别功能标注的人名也是关键字,可用于检索;但是不通过人脸检测和识别功能,直接用人名给照片添加的关键字不能用于人脸识别。

图 2-77　包含指定人脸的照片

图 2-78　利用人脸识别自动添加的关键字搜索照片

2.6　图库模块其他运用技巧

2.6.1　在视图中显示照片信息

可在图库模块放大视图和修改照片模块的照片上显示信息。连续按下 I 键,在不显示信息、显示第一组信息、显示第二组信息这三种状态之间切换,见图 2-79(a)。可以改变显示的信息内容:按快捷键 Ctrl+J(对于 Mac 计算机则是 Command+J),在弹出的"图库视图选项"对话框中选择"放大视图"选项卡(见图 2-79(b))。默认信息 1 包括文件名和副本名称、拍摄日期/时间、裁剪后尺寸。默认信息 2 包括文件名和副本名称、曝光度和 ISO、镜头设置。单击每个项目右端的小箭头可从下拉菜单中选择需要的显示内容。图 2-80 是显示第一组信息的放大视图。

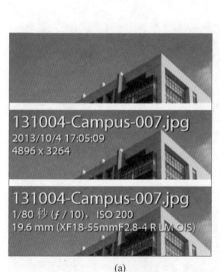

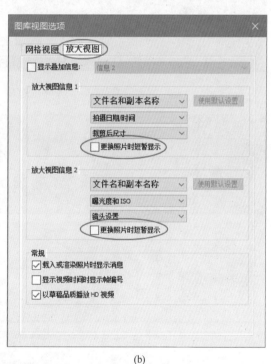

(a) (b)

图 2-79　三种信息显示状态及相关的选项卡

若屏幕不够大,显示的信息覆盖图像会形成干扰,在修改照片模块中影响观察局部画面。这种情况下可在"图库视图选项"对话框中选择"更换照片时短暂显示",如图 2-79(b)中的红圈所示。在更换照片后约 4 秒钟,显示的信息即会消失。

在网格视图中,连续按 J 键,可在三种情况之间切换,见图 2-81,从上到下分别是:不显示信息（紧凑单元格，仅显示色标所代表的颜色）；显示星级、色标、旗标（扩展单元格，不显示额外信息）；增加显示文件名、文件类型、尺寸（扩展单元格，显示额外信息）。

图 2-80　显示第一组信息的放大视图

图 2-81　网格视图的三种信息显示模式

网格视图的信息显示也可通过按快捷键 Ctrl＋J（对于 Mac 计算机则是 Command＋J）进行选择。图 2-82(a)是"图库视图选项"对话框的"网格视图"选项卡，可尝试各种选项产生的效果。例如，取消对"旗标"的选中，图 2-81 中的第 3 和第 5 张照片上就不会出现留用旗标。单击缩览图右上角的小圆圈可将照片加入快捷收藏夹，见图 2-82(b)中上面的图。

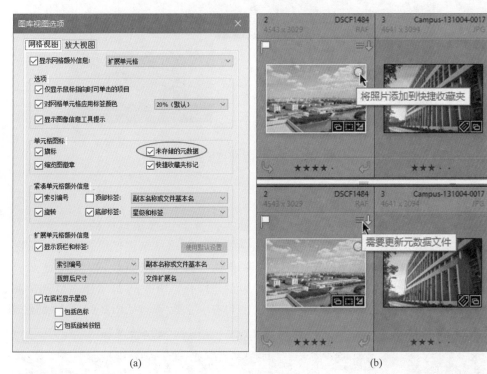

(a)   (b)

图 2-82   设置网格视图的信息显示内容

选中选项卡上的"未存储的元数据"（如图 2-82(a)中的红圈所示），会在某些缩览图右上方出现标记，见图 2-82(b)下面的图，表示在 Lightroom 中更改了元数据而尚未存入目录。例如，在另一台电脑处理过的照片，曾经添加过星级、关键字等，为了合并两台电脑的照片，将那个目录导入（详见第 2.7 节），以后又做了修改，就会出现此标记。单击此标记，弹出如图 2-83 所示的对话框，你可决定是否要保存更改。

图 2-83   选择是否保存更改

在网格视图和胶片带中，缩览图右下方被称为徽章（Badge）的标记从左到右分别表示：有 GPS 信息、照片在收藏夹中、有关键字、已被裁剪、经过处理，见图 2-84。

对胶片带也可以选择显示或不显示信息，右击胶片中一张照片，在弹出的菜单上选"视图选项"，

图 2-84   网格视图和胶片带中缩览图
右下方的标记

如图 2-85 中的截图所示。可以显示或隐去徽章，如显示徽章，单击徽章可显示相应信息，如单击"照片在收藏夹中"就会显示所在的收藏夹，单击"已被裁剪"会进入放大视图显示裁剪情况。可选择"忽略徽章单击"使单击不起作用。

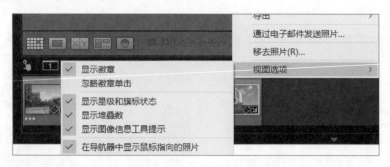

图 2-85　选择胶片带的信息显示

2.6.2　堆叠

在同一场景连续拍摄多张照片，相似或同类照片会占据预览区的很大空间。堆叠（Stack）就是把一组照片叠在一起，以方便浏览和管理。在 2.5 节已经遇到了同一人物头像的堆叠，本节介绍在网格视图和胶片带中的堆叠。选中一组照片，按快捷键 Ctrl＋G（Group[①]，对于 Mac 计算机则是 Command＋G）创建堆叠。图 2-86 显示建立包含 5 张照片的堆叠，在网格视图和胶片带的堆叠缩览图左上角有一个数字 5，见图 2-86（b）中的红圈。

(a)

图 2-86　创建包括 5 张照片的堆叠

---

① 堆叠是 Stack，为了便于记忆快捷键，这里译作 Group。

(b)

图 2-86 （续）

单击堆叠左上角的数字或缩览图两侧的竖线可展开堆叠，见图 2-87，图中两个红圈标出堆叠的范围。再次单击数字或竖线可重新收拢堆叠。

图 2-87 在网格视图中展开堆叠

右击堆叠的照片会弹出下拉菜单，选中下拉菜单的"堆叠"，从子菜单中选择各种功能：取消、拆分、展开、折叠或展开全部等，见图 2-88。在堆叠展开情况下可右击堆叠中任何一张缩览图，选择"移到堆叠顶部"将它置顶，用以代表堆叠中的一组照片。

若在大量照片中有许多是对同一场景或者对人物的类似姿态连续拍摄的，可选择"按拍摄时间自动堆叠"，见图 2-89。在弹出的对话框中选择时间间隔，间隔长则每个堆叠包含的照片多，但有可能将完全不同的照片加入堆叠。自动堆叠有时需要进行人工调整。

2.6.3 双显示器工作方式

Lightroom 支持双显示器工作方式，为用户带来极大方便。双显示器适用于所有模块，为了叙述方便放在本章介绍。在胶片带的左上方有两个图标，标有 1 的就是当前显示窗口，标有 2 的就是第二个显示窗口。如果没有连接第二个显示器，单击 2 就会弹出一个浮动的窗口，见图 2-90。

在副窗口中单击上下两个小三角符号（见图 2-91红圈）可隐藏和显示上面的功能选项及下面的信息显示。

电脑上连接了另一个显示器，副窗口就会以放大视图全屏方式出现在第二个显示器上，如图 2-92 所示。

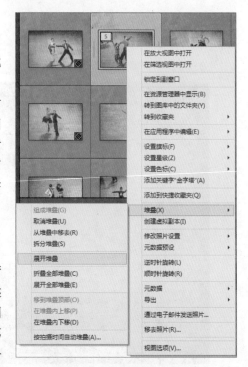

图 2-88　对堆叠进行各种操作

图 2-89　按拍摄时间自动堆叠

图 2-90　启用副显示窗口

副窗口上部提供的可选功能包括显示模式"网格""放大""比较""筛选"（位于左上方）和工作方式"正常""互动""锁定"（右上方）。显示模式和主窗口显示模式一样。三种工作方式为：

图 2-91　副窗口：左面显示信息，右面隐藏信息

➤ 正常：副窗口与主窗口显示同一张照片。

➤ 互动：副窗口与主窗口左侧的导航器显示同一张照片，鼠标滑过主窗口的胶片带或网格视图，不用单击，副窗口即显示光标所指照片。例如，在图 2-93 中，主窗口以"合适"方式显示胶片带左起第 1 张照片，副窗口以"填满"方式显示光标所指胶片带上第 7 张照片。

➤ 锁定：副窗口显示被锁定，而不会受主窗口改变所显示照片的影响。

图 2-92　双显示器工作方式

图 2-93　副窗口的互动显示模式

显示模式和工作方式也可在胶片带左上方的图标 2 上按下鼠标左键不动，在弹出窗口中进行选择。

2.6.4　身份标识个性化

可将 Lightroom 出厂 Logo 换成个性化身份标识。打开"编辑"菜单，选择"设置身份标识"命令，弹出如图 2-94(a)所示对话框，其中显示默认标识为 Lightroom mobile。

单击对话框中身份标识输入栏右侧的向下箭头，选择"已个性化"，对话框变为如图 2-95(a)所示的形式。选择"使用样式文本身份标识"，在输入栏中键入文字，选择字体、字号、颜色，单击"确定"生成个性化身份标识，见图 2-95(b)。

(a)

(a)

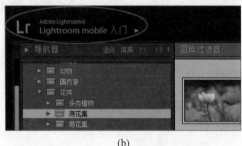

(b)

(b)

图 2-94　默认标识　　　　　　　　　　图 2-95　个性化文本身份标识

图 2-96 中设置了图形身份标识。图形标识宜用黑色背景，以便与 Lightroom 的背景融合，或用透明背景存为 PNG 格式，高度不要大于 57 像素。

在图 2-95 和图 2-96 中，单击身份标识"自定"右侧的向下箭头，在下拉菜单中选择"存储为"，保存个性化身份标识，以后可在多处加以利用，如制作幻灯片、打印、制作网页时。

将身份标识右面的"已个性化"还原为 Lightroom mobile 即可恢复出厂的默认标识，或选择 Lightroom，见图 2-97。

(a)

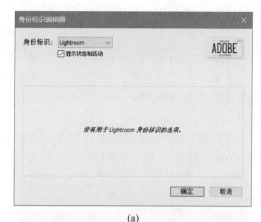

(a)

(b)

(b)

图 2-96　个性化图形身份标识　　　　图 2-97　Lightroom 标识

2.7　对目录的进一步讨论

2.7.1　目录备份

Lightroom 目录是一个以 .lrcat 为扩展名的文件,其中包含已导入照片的所有基本数据和重要信息,包括照片存放位置、关键字和标注信息、对照片所做的一切操作记录。每次运行 Lightroom,目录文件都会更新。随着照片数量不断增加,管理和处理操作的不断进行,目录文件会变得很大。目录文件一旦损坏,之前所做的后期工作就会全部丢失,因此必须定期备份目录。

第 1.3.4 节已提到备份目录的重要性,以及如何在首选项设置中规定备份周期。图 2-98 是

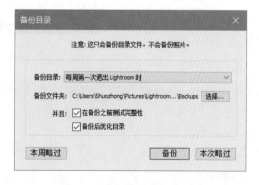

图 2-98　"备份目录"对话框

按照设置的时间弹出的"备份目录"对话框。

如果目录中包含数以万计的照片，Lightroom 运行速度会减慢，备份时可选中"备份后优化目录"。也可通过打开"文件"菜单，选择"优化目录"命令随时对当前目录进行优化。

目录的备份位于该目录所在文件夹中的子文件夹 Backups 下，分别存放在以备份日期命名的子文件夹中。只有最新的备份才有意义，应定期删除陈旧的备份以释放硬盘空间。

万一硬盘损坏，目录将连同备份一起丢失，因此有必要定期将目录和最新备份复制到安全的外部存储器中去。除了目录要定期备份，照片也要有外部备份，以防意外损失，见图 2-98 中对话框上部的"注意"。

2.7.2　新建目录

Lightroom 允许同时建立多个目录，并在它们之间相互切换。例如，你可以为不同客户建立各自的目录，也可以为旅游、家庭等不同主题分别建立目录。建立新目录有时也可为你的工作提供方便，例如在本书写作过程中创建一个专用目录，导入部分照片，用于产生素材和实例。

打开"文件"菜单，选择"新建目录"命令，在弹出的对话框中键入新目录的名称，创建保存新目录的文件夹。建议将新文件夹放在 Lightroom 文件夹下。键入文件名，例如"Travel Catalog"，单击"创建"，见图 2-99。此时 Lightroom 会关闭，过几秒钟重启，进入不包含任何照片的新建目录 Travel Catalog，见图 2-100。将照片导入此目录，按前面所述方法进行管理。

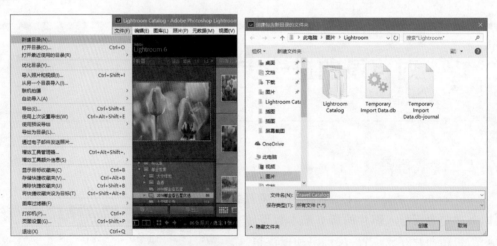

图 2-99　新建目录

在 Windows 资源管理器中检查 Lightroom 文件夹，可看到一个新的子文件夹 Travel Catalog，单击后打开它，里面有目录 Travel Catalog.lrcat 和子文件夹 Travel Catalog Previews. lrdata，如图 2-101 所示。

可在几个目录之间切换。打开"文件"菜单，选择"打开最近使用的目录"命令，在出现的菜单中选择要进入的另一个目录，此时 Lightroom 会关闭，几秒钟之后重启，进入那个目录。离开当前目录 Lightroom Catalog，进入另一个目录 Travel Catalog，如图 2-102 所示。

图 2-100　新建目录中不包含任何照片

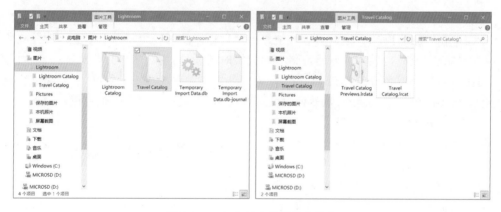

图 2-101　包含新建目录的文件夹

图 2-102　目录切换

若要在启动 Lightroom 时直接进入某个目录，可按 Alt 键（对于 Mac 计算机则是 Option 键），再单击 Lightroom 图标，在弹出的对话框中选择，可启动 Lightroom 并载入这个目录，见图 2-103。如果希望启动时总是载入这个目录，在对话框中选中左下方的"启动时总是载入此目录"，否则单击 Lightroom 图标就会进入上次退出时的目录。启动时选择进入某个目录的另一种方法是右击 Lightroom 图标，在出现的菜单中直接选择。

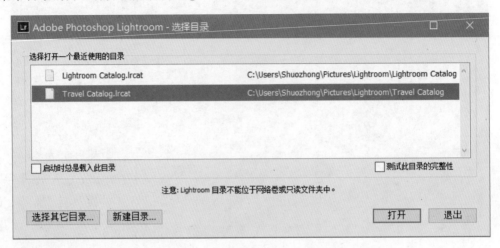

图 2-103　按住 Alt 键启动 Lightroom 时出现的对话框

必须说明，尽管 Lightroom 提供多目录工作的可能性，也不难在目录之间进行切换，我们还是建议在可能的情况下尽量将照片纳入一个目录。使用一个目录会对全部照片进行统一管理带来极大便利，例如，可方便地将不同拍摄时间、不同主题的照片收集在一起，可以随时访问任何照片而不必重启 Lightroom，避免额外操作。一个 Lightroom 目录容纳数以十万计甚至更多的照片毫无困难，虽然照片数量大时运行速度会变慢，但你可以在每次备份时对目录进行优化。

如果上次使用了外置硬盘上的目录，在启动 Lightroom 时外置硬盘处于脱机状态，而在首选项设置中又将启动目录设成"载入最近打开的目录"（参看第 1.3.4 节），Lightroom 就会找不到目录而无法启动，屏幕上出现如图 2-104 所示的对话框。此时需选择"使用默认目录"或指定"选择其他目录"启动 Lightroom。

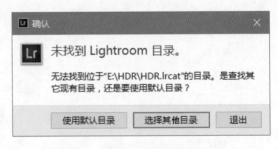

图 2-104　上次使用的目录脱机

2.7.3　多台电脑间目录的迁移和合并

你可能有多台电脑：把功能强大的台式电脑作为主要工作平台，把手提电脑用于外出旅游。外出时你会用 Lightroom 导入当天拍摄的照片，进行初步标注和整理，或者编辑修改。回家后要将手提电脑中的照片连同关键字、各种标记、收藏夹等信息以及所做的处理合并到台式电脑，继续进行处理。

你还可能要把一个目录中的部分照片连同已经做的标记和处理一起导出为一个目录，

转移到另一台电脑上去。照片太多使硬盘空间不足时,可将部分照片迁移到外部硬盘。

导出为目录

例如,要将手提电脑中的一组照片连同所有相关信息导出,生成一个(临时)目录。在手提电脑上启动 Lightroom,选择要并入台式电脑的文件夹或收藏夹(或选择一组照片)。打开"文件"菜单,选择"导出为目录"命令,出现"导出为目录"对话框,见图 2-105。选择保存位置(如桌面),键入文件名(即目录名)如 Thai。如要导出文件夹或收藏夹中的全部照片,不要选中"仅导出选定照片";要选中"导出负片文件",将手提电脑中选择的照片一起导出(负片文件就是导入的原始照片文件),否则将只导出关键字等信息而不包括照片文件;选中"包括可用的预览",单击"保存"按钮。

图 2-105　导出为目录

导出完毕后,在桌面上出现文件夹 Thai,其中有目录 Thai. lrcat、文件夹 Thai Previews. lrdata,以及包含照片的文件夹,在这个例子里是 Pictures,见图 2-106。文件夹 Pictures 中有包含导出照片的子文件夹,与手提电脑中的设置相同。

将一个收藏夹中的照片导出为目录的另一个方法是右击收藏夹,在弹出的菜单中选择"将此收藏夹导出为

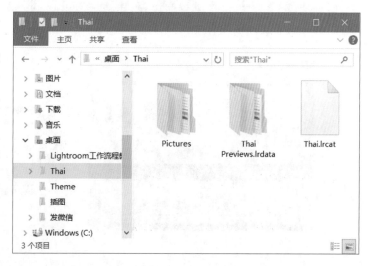

图 2-106　桌面上新生成的目录 Thai

目录"，见图 2-25 中的第 8 项。

合并目录

将手提电脑桌面上的文件夹 Thai 复制到 USB 存储器，插入台式计算机。启动台式计算机的 Lightroom，打开"文件"菜单，选择"从另一个目录导入"命令（见图 2-107(a)），在弹出的对话框中找到 Thai.lrcat，单击"打开"按钮，出现如图 2-107(b) 所示的对话框。由于目录 Thai 在 USB 存储器中，因此"文件处理"应选择"将新照片复制到新位置并导入"。选择文件夹 Pictures，单击"导入"按钮，Lightroom 便将 Thai 中的照片复制到指定文件夹并导入。完成后，你在手提电脑上做的所有标记和处理都并入了台式电脑的当前目录中。

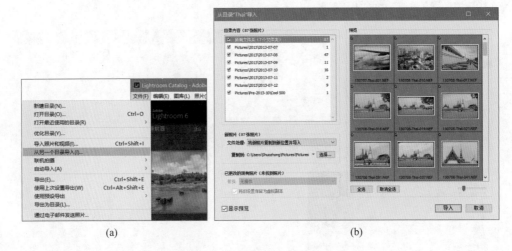

(a)　　　　　　　　　　　　　　　(b)

图 2-107　从另一个目录导入

2.7.4　寻找丢失的照片

在 2.2.3 节已经说明，如果在 Windows 的文件夹中删除或移动了已存在于目录中的照片，而不是在 Lightroom 中进行操作，照片就从 Lightroom 目录中丢失。例如，图 2-108(a) 中，网格视图和胶片带中有一张照片的缩览图右上角上出现一个惊叹号，说明照片已丢失。

(a)　　　　　　　　　　　　　　　(b)

图 2-108　照片丢失

照片丢失有可能是存放照片的外置存储器未插上,只要插上它,问号会立即消失。若在Lightroom之外移动了图像文件,那你就要重新让Lightroom找到它。单击惊叹号会出现如图2-108(b)所示的对话框。如果知道照片移动之后的位置了,可单击"查找"将照片找回来。如果移动了整个文件夹,只要找到其中的一张照片,Lightroom就会自动找回文件夹中的所有照片。

要检查所有的丢失照片,可打开"图库"菜单,选择"查找所有缺失的照片"命令,见图2-109(a)。图2-109(b)显示全部脱机照片共有28张。

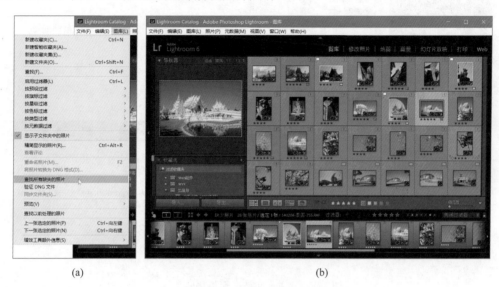

(a)   (b)

图2-109　查找全部丢失照片

2.7.5　关于收藏夹和文件夹的补充说明

收藏夹在Lightroom照片管理中具有关键作用,是定位照片的主要手段,在修改照片和其他用于输出分享的模块中更是唯一途径。另外,在收藏夹中进行的操作是安全的,不会意外将照片删除或造成损害。

利用文件夹面板可定位照片的实际位置,移动照片而不离开Lightroom环境,同时自动更新目录。在文件夹面板中可删除照片文件:选中要删去的照片,并右击,将出现如图2-110(a)所示的菜单。单击"移去照片"命令,弹出如图2-110(b)所示对话框,可将照片从Lightroom中移去而留在磁盘上,或从磁盘删去。若选后者照片即被移入回收站。

在收藏夹中右击照片也会出现与图2-110(a)类似的菜单,唯独不能删除照片。若要删除,可单击菜单中第3项"转到图库中的文件夹",在文件夹中按上述方法删除。

在图库模块和修改照片模块中右击照片或缩览图,出现如图2-110(a)所示的菜单,还可利用第二项"在资源管理器中显示"(对于Mac计算机则是"在Finder中显示")直接访问电脑中的照片文件,例如,可在资源管理器中将原始文件复制到外部。选择多张照片时此项功能不可用,但可利用一张照片打开文件夹,在其中找到其他相关照片。

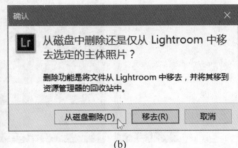

(a) (b)

图 2-110　通过文件夹面板删除照片

2.8　本章小结

　　图库模块提供从照片导入到标注、筛选、收藏、检索的一整套功能，是 Lightroom 区别于其他常用后期处理软件的特色。它是管理和维护海量照片的利器，也可能成为初学者望而却步的难点——因为初学者不熟悉它的工作方式，并不是真的难。初学者必须优先掌握的内容并不多，就是以下前三项。其余的可以慢慢来，在使用中逐步了解熟悉。

导入照片

　　不导入，Lightroom 就不知道照片的存在。导入三要素是"从哪里""以什么方式""到哪里"，通常是从存储卡复制到指定位置。

　　➢ 选定要导入的照片。（2.1.1节）

　　➢ 重命名文件。（2.1.2节）

　　➢ 指定目标文件夹。（1.3.2节，2.1.1节，2.1.2节）

➢ 添加共同的关键字。(2.1.2 节)

建立收藏夹

收藏夹是照片管理的基本环节,必须将导入的每张照片至少收入一个收藏夹。

➢ 建立"收藏夹集—收藏夹集……收藏夹"分层结构。收藏夹集里面可有下一级收藏夹集或收藏夹,收藏夹位于最底层,里面包含指向照片的指针。(2.2.4 节)
➢ 智能收藏夹根据匹配条件收入照片,常用条件包括拍摄日期、关键字、旗标、星级、色标等。(2.2.4 节)
➢ 普通收藏夹收藏任意挑选的照片,可指定其为目标收藏夹。(2.2.4 节)

标注照片

元数据是照片组织和检索的依据。除相机产生的 EXIF 数据外,用户赋予的关键字和各种标记往往更为重要。

➢ 关键字:导入后对照片添加反映内容和特征的关键字。(2.2.7 节)
➢ 标记:旗标用于筛选,星级用于评价,色标用于自定义照片分类,三种标记可灵活地叠加使用。(2.2.10 节)
➢ 在修改照片模块中处理照片时还可对照片做进一步标注,或更改、取消标注。(2.2.10 节)

其他

➢ 在照片导入后进行标注,可进行比较、筛选、搜索。(2.3 节,2.4 节)
➢ 人脸检测和人脸识别。(2.5 节)
➢ 目录管理,最重要的是定期备份。(2.7.1 节)
➢ 在外部存储器上保留目录和照片文件的备份。(2.7 节)

第 3 章
数字冲印

03

　　胶片冲印处理在暗室里进行，数码照片的后期工作则在明亮的房间里用电脑完成。这就是Lightroom的真谛。本章和以后两章涉及的内容就是暗房技术在数字时代的转型和发展。对于传统胶片摄影的百年成就我们不可低估，没有前辈的贡献就没有数码的今天。另一方面，计算机和图像处理技术的发展使摄影术脱胎换骨，数码后期处理能力远超越传统暗房，科技进步不可抗拒。不要再问"做"还是"不做"，任何一位认真的摄影者，无论专业的还是业余的，都离不开后期处理。

3.1　概述

　　上一章讨论的图库模块是照片管理平台，照片导入目录后，建立了收藏夹，并进行了适当的标注，就可以进入修改照片模块对照片进行处理了。狭义的后期处理通常就是指的这一部分。Lightroom 的修改照片模块英文是 Develop Module，Develop 也就是显影，因此我们可以将修改照片称为"数字冲印"。

　　相机拍摄的 RAW 格式只是数码底片，必须进行冲印。如果照片是 JPEG 格式，虽然经过了相机的处理，仍然不是最优的，也要对它们做进一步处理以满足对视觉质量的要求。本章讨论基本处理方法，主要是对照片全局进行亮度、反差、颜色等的调整，也包括消除噪点、裁剪、几何校正等，这些是 Lightroom 后期处理的核心部分。局部区域的处理以及提高处理效率等问题将在以后两章讨论。

3.1.1　用户界面

　　修改照片模块界面见图 3-1，其操作面板不同于图库模块：左侧面板有导航器、预设、快照、历史记录、收藏夹；右侧面板有直方图、基本、色调曲线、HSL/颜色/黑白、分离色调、细

图 3-1　修改照片模块

节、镜头校正、效果、相机校准。这里不再出现"目录"和"文件夹",你只能在收藏夹里找到照片——收藏夹是 Lightroom 组织照片的核心,需要熟练掌握。初学者可以不考虑"文件夹"。

图 3-1 中的工具条仅显示了"视图模式"和"软打样"两项。单击右端小三角符号可在下拉菜单中选择显示或隐藏各个项目。

和图库模块一样,导航器是在当前收藏夹中寻找照片的有力工具,将光标划过下面的胶片带而无需单击,导航器会显示光标所指的那张照片。如果单击它,这张照片就会出现在中间的主视图区中,也就是你要处理的那一张。图 3-1 中光标位于胶片左起第 2 张照片,因此导航器中显示这张照片。主视图区里显示当前正在处理的是右起第 1 张。导航器的折叠和展开不受"单独模式"的影响。

右侧面板中,由于直方图是处理照片的重要依据,它的折叠和展开也不受"单独模式"的影响。

3.1.2 关于处理版本

Lightroom 图像处理引擎几经升级,2010 年 3.0 版启用的 Process Version 2010(PV2010)对早期版本 PV2003 有较大改进。2012 年推出的 Lightroom 4.0 及后来的更高版本则使用目前最新的处理引擎 PV2012,这是一次重要的升级,功能更强,处理效果更好。版本 5 和 6/CC 在功能上都有改进,但仍使用处理引擎 PV2012。图 3-2(a)、(b)是"照片修改"模块中的"基本"面板和工具组截图,(a)对应于 Lightroom 3.4,(b)对应于 Lightroom 6。图 3-2(c)、(d)是在相应的"相机校准"面板中显示的处理版本(即 PV)。两个处理版本在界面上最明显的差异如下:

> PV2012 在"基本"面板上对色调调整的一组 6 个滑块和白平衡调整滑块有较大改变,不仅在形式上有变化,而且操作便利性和处理效果都有很大提升。

> 位于"基本"面板上面的工具从 5 个增加到 6 个,而且功能都有增强。PV2012 的工具从左到右依次为:裁剪叠加、污点去除、红眼校正、渐变滤镜、径向滤镜、调整画笔。其中径向滤镜是新增的。

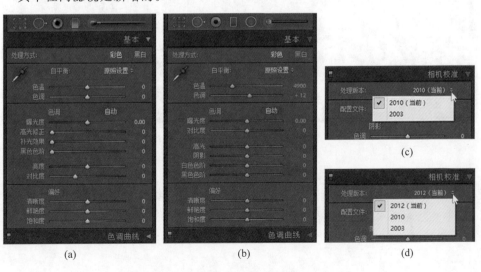

(a)   (b)   (c)   (d)

图 3-2 处理引擎 PV2010 和 PV2012

即使使用同样的处理引擎 PV2012，Lightroom 从版本 4 发展到现在，处理功能也在不断改进，不同版本之间的差异参看附录 C。当你将较低版本 Lightroom 中的照片导出为目录，并将它导入到 Lightroom 6/CC（参看第 2.7.3 节）时，会出现如图 3-3 所示的对话框，你必须升级原来的低版本 Lightroom 目录。单击"开始后台升级"，升级完成后再在出现的导入对话框中单击"导入"。

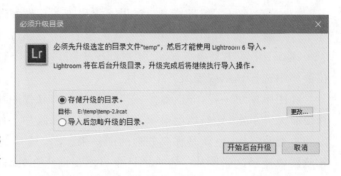

图 3-3　导入较早版本的目录时要在后台升级目录

从较早版本目录导入 Lightroom 6/CC 后，在图库模块网格视图中显示出来的缩览图上会出现标记，如图 3-4 所示。从胶片带可见，前 8 张照片缩览图右下角有"处理过"的徽章，第 7 张有"裁剪过"的徽章。每张右上角都有"需要更新元数据文件"的标记，见图中红圈。

图 3-4　导入较早版本的目录后显示的标记

在 Lightroom 6/CC 的"修改照片"模块中，如果当前照片曾经用较低版本的处理引擎处理过，"基本"面板中的滑块就会是老版本的布局，如图 3-5 中红圈所示。若查看"相机校准"面板中的处理版本信息，可看到没有使用"2012（当前）"。另外，在直方图面板右下角有一个闪电状标记①，将光标放在上面，旁边会出现文字"处理 2010"，并提示你"更新为当前处

---

① Lightroom 4 也使用 PV2012，提示用旧版本处理的标记形状不同，位于放大视图的右下角。

理版本（2012）",见图3-6。

图 3-5　由旧版引擎处理的照片仍使用旧的滑块布局

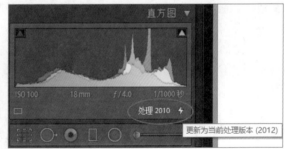

图 3-6　使用旧版处理引擎的标记

单击闪电状标记弹出如图 3-7 所示对话框。可以选中"通过'修改前/修改后'查看变化"。由于新版本性能优越，强烈建议更新。更新后处理版本变为"2012（当前）"，"基本"操作面板变成 2012 版，直方图面板下的闪电标志消失。

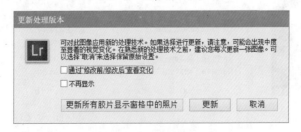

图 3-7　更新处理版本

3.2 初始处理

在 Lightroom 修改照片模块中，各个操作面板从上到下的排列，以至每个面板中的滑块排列，大体上可反映工作流程中的先后次序。不过在开始基本处理之前，有几件事情是可以提前做的，我们称之为初始处理，它们是：（1）加载相机配置文件；（2）镜头校正；（3）裁剪与旋转。其中第一项值得考虑，后两项是推荐的。

3.2.1 加载相机配置文件

在所有处理步骤之前，可以先在"相机校准"面板中选择加载适当的配置文件（Profile），也就是仿照相机设置的拍摄风格对 RAW 文件的显示效果进行校准。

相机的风格设置，Cannon 叫"照片风格"，Nikon 叫"优化校准"（见图 3-8），目的是使照片更悦目。但这仅影响 JPEG，例如，设置了"鲜艳"，相机会提高图像的对比度和饱和度，根据处理结果来渲染照片，然后压缩并以 JPEG 格式存入卡中。这种处理是不可逆的。

风格设置实际上并不影响 RAW，如果拍摄者设置了风格，只是在相机上显示照片时据此进行渲染。我们在相机上看到的其实不是 RAW，而是经过相机处理的 **JPEG** 预览。相机不会将任何配置文件加载于 RAW 数据，而仅仅将设置记录在照片的元数据中。照片导入 Lightroom 时，你会短暂地看到 JPEG 预览效果，在 RAW 数据载入后，即对每张 RAW 格式照片加载一个叫作 Adobe Standard 的配置文件，它不像相机的 LED 上那样鲜艳。如何才能快速得到更接近 JPEG 预览效果，而又不引入 JPEG 对图像的损伤，并以此为起点进行后续处理呢？

在修改照片模块中展开最下面的相机校准面板，可看到默认的配置文件是 Adobe Standard。在下拉菜单中可选择多个配置文件，它们是模仿相机拍摄 JPEG 时的各种设置。尝试各个配置文件，选择对比度和鲜艳度最满意的一种。具体可用的配置文件与相机厂商有关，图 3-9(a)、(b)分别是 Cannon 和 Nikon(拍摄 RAW)的情况，图 3-9(c)是拍摄 JPEG 格式的情况，只有"嵌入"一种配置，即拍摄时已经嵌入在 JPEG 文件中的配置，没有选择余地。

图 3-8　在相机上设置
　　　　拍摄风格

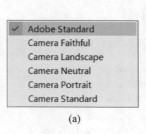

(a)

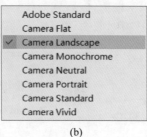

(b)

(c)

图 3-9　相机配置文件

一般可从 Camera Standard 开始逐个比较。哪种配置文件最合适，在很大程度上取决于具体照片和个人偏好。图 3-10 中的例子选择了 Camera Landscape，这里用了对修改前后进行比较的显示模式，左侧是修改前，即使用默认的 Adobe Standard 配置文件的情况；右侧是修改后（Camera Landscape，见红圈），它比 Adobe Standard 似乎更接近相机的 JPEG 预览。有时 Camera Vivid 会给出接近于反转片（Fuji Velvia）的效果。关于比较显示模式的方法见本节的"小贴士"。

图 3-10　将加载相机配置文件作为照片处理的第一步

此时"修改照片"模块其他面板中的调整项都还处于初始状态，没有调整过。加载适当配置后的结果是后期处理的一个合适起点，故不妨考虑将选择"相机校准"面板中的配置文件作为修改照片的第一步。

但是否一定要在这一阶段加载配置文件是见仁见智的。通过一次单击就得到类似 JPEG 的视觉效果，十分方便，但它不一定是最优的。如果调整程度有较大偏差，要通过多个步骤调回来，然而降低鲜艳度和对比度通常比提高鲜艳度和对比度更加难以控制。未加载配置文件的照片看起来不那么鲜艳夺目，而这正是一个好的基础，因为你拥有相机感光元件产生的全部原始信息，完全可在后面的处理中得到最满意的效果，这也正是 RAW 的优势所在。在后面第 4.6.6 节的两个例子中，分别采用了不同的策略：先加载配置文件和直接从色调调整开始处理。

利用 Adobe 提供的免费配置编辑器 DNG Profile Editor 可创建自己的配置，Windows 版本下载地址为：http://www.adobe.com/support/downloads/detail.jsp?ftpID＝5494。

小贴士

关于风格或优化设置

在相机中设定照片风格其实就是改变锐度、对比度、饱和度、色调这几个参数。具体设置没有定规，不同相机也不一样，例如，佳能相机对4个参数的可能设置如图所示。

可见，除了"可靠"（Faithful）外，都提高了锐度。拍风光略微提高对比度和饱和度，人像则不改变对比度、饱和度还要高一点。要满足个性化要求还可以自定义，如人像可考虑肤色鲜艳一些或淡雅一些，或降低锐度和对比度使皮肤柔滑。阴天人像除适当提高曝光度外，色调可稍微偏暖，拍风光则要鲜艳一些。

照片风格	◐.◐.◈.◐
S 标准	5, 0, 2, 0
P 人像	6, 0, 2, 0
L 风光	5, 1, 1, 0
N 中性	5, 0, -2, 1
F 可靠设置	0, 0, 0, 0
M 单色	3, 0, N, S
INFO. 详细设置	SET OK

如果拍摄 JPEG，这些就是你告诉相机在处理时应做的调整。一旦在相机里应用了这些风格设置，后期尽管还可以修正，但你将失去从根本上进行修改而不产生负面效应的机会。如果没有把握还是选用"标准"或"可靠设置"比较稳妥。

拍摄 RAW 的情况就不同了。风格或优化设置并不会体现在图像数据中，只是根据这些设置来生成 JPEG 预览，供你在相机的显示屏上观看。导入 RAW 时可决定加载某种风格，也可以不加载而完全通过后期调整达到目的。因此，如果拍摄 RAW 就不必纠结于使用怎样的风格或优化设置。这也正是我们一再重申的，数码摄影其实没有处理或不处理的问题，只有交给相机处理和由你自己处理的差别。交给相机处理还是免不了一定的人工参与，那就是设置相机。

3.2.2 镜头校正

任何镜头的光学特性都不是完美无缺的，镜头缺陷带来的问题主要是几何畸变、暗角、紫边。造成几何畸变的另一个因素是拍摄角度：仰拍、俯拍、水平偏斜。这些问题需通过镜头校正来解决。"镜头校正"面板包括以下4个选项卡：基本，配置文件，颜色，手动。

基本、配置文件、颜色3个选项卡见图3-11。建议对每张照片都选用基本选项卡中的两项："启用配置文件校正"和"删除色差"，前者自动消除镜头产生的几何畸变，后者消除因不

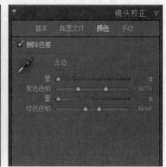

图 3-11　基本、配置文件、颜色选项卡

同颜色成分折射率差异导致色散而引起的色差。

前两个选项卡("基本"和"配置文件")中都有"启用配置文件校正",在一个选项卡上选中,在另一个上也会同时选中。Lightroom 根据 EXIF 信息自动加载常用品牌和常用镜头的配置文件,显示在"配置文件"选项卡的"制造商"和"型号"栏目中。Lightroom 在其数据库中存有大量镜头的配置文件,都是根据镜头的光学设计而定制的,随着新镜头的推出会不断更新版本。如果显示制造商为"无",可单击右侧的双箭头,在下拉菜单中选择。选择了正确的镜头配置文件后,我们会看到几何畸变得到校正的效果。如果选择了一个厂商,未能找到所用镜头,Lightroom 会在其数据库里选择一个镜头,很有可能是性能相近的一款,但不一定能给出精确的校正效果。

由于色散造成聚焦误差,在照片中硬边缘的左右两侧会出现紫边现象。图 3-12(a)的照片中可见栏杆边缘有紫色和绿色镶边。选择"基本"选项卡中的"删除色差"可自动减轻乃至消除这种色差,见图 3-12(b)。

(a)　　　　　　　　　　　　　　　　(b)

图 3-12　消除紫边

若"删除色差"不能完全消除紫边,在"颜色"选项卡(其中"消除色差"已选中)中,有 4 个去色滑块,将最上面的滑块右移,增大修改量,再调整"紫色色相"滑块以包含更多的颜色成分,减轻或消除紫色镶边;同样地,调整下面两个滑块可以减轻或消除绿色镶边。

基本选项卡上的 Upright 功能以及手动选项卡的各项功能将在关于几何畸变校正的第3.5.1 节里讨论。

小贴士

紫边

紫边(Purple Fringing)常出现于照片中浅色背景深色前景之间的硬边界处,这种现象在数码照片中比胶片更为显著。这种紫边现象主要产生于镜头的轴向色散。镜头设计中通常对两个参考波长进行优化，使这两个波长的光聚焦在同一平面上，但与参考波长相差较远的光会失焦。轴向色散在短波长（紫光）端最为严重。镜片镀膜引起的眩光也造成镜头光学性质的缺陷。相比于胶片，数码相机的感光元件对紫外光有更高的灵敏度，即使采取吸收紫外线的措施，焦外的紫外线仍会将暗处染上颜色。天上明亮的云朵和空气里的雾霾是紫光和紫外线的强散射源，也容易引起紫边。轴向色散导致物体各个方向都出现紫边，见右面的图。

另外，早在 1833 年就发现了横向色散，即一侧呈紫色，另一侧呈绿色镶边的现象，如图 3-12 中的例子。横向色散和轴向色散往往混合在一起。轴向色散通常更易受光圈大小的影响，缩小光圈可使轴向色散减弱。

关于紫边，可以参考：https://en.wikipedia.org/wiki/Purple_fringing。

3.2.3　照片裁剪和旋转

照片在初始处理阶段还可以先进行裁剪旋转，特别是需要裁剪幅度较大的情况，因为只有将多余部分裁掉，直方图才能反映重新构图后的图像，以它为准进行后续处理更为合理。

裁剪

在"修改照片"模块的直方图下面，单击"裁剪叠加"工具（图 3-13 右侧面板上方的红圈），出现一个操作面板，此时主视图区中的照片被白框包围，照片上出现辅助三分构图的九宫格。按 O 键可将九宫格依次变为其他几种形式：斜向方格、对角线和垂线、井字格、对数螺线、几种常用照片长宽比的裁剪线、小方格。面板上有一个小锁形状的图标（见图中右侧红圈），单击它会改变状态，锁上时可保持长宽比不变，打开锁则允许自由改变长宽比。

图 3-13　裁剪工具

移动光标至接近白框角上，变为图 3-14 中红圈内的形状，将它沿对角线向中央拉动可缩小裁剪框。松开鼠标左键，然后进行多次调整，达到合适的尺寸。也可移到任何一条边上使光标变成双箭头，沿垂直于边的方向调整白框大小。小锁锁上时，长宽比被锁定，沿某一条边调整会同时移动另一方向的两条边。位于框外面的图像内容会变暗以显示裁剪照片效果和构图情况。

图 3-14　将外围裁掉

达到要求尺寸后，将光标移到框内变成手掌形，单击后切换为拳头的形状（见图 3-15 红圈内），此时可移动照片以调整白框在照片上的位置。之后，双击照片（或按 R 键，或单击"裁剪叠加"图标）实现裁剪，此时白框消失，裁剪后的照片扩大到适合主视图区，见图 3-16。

图 3-15　移动拳头状光标调整保留的图像区域

要撤销裁剪可按裁剪操作面板下部的"复位"键（图 3-15 右面的红圈内），或者右键单击裁剪框内部，在下拉菜单中选择"复位剪裁"。也可以再次单击"剪裁叠加"工具重新调整裁剪。

图 3-16　双击以完成裁剪

如要指定长宽比，单击"长宽比"右面的文字（当前是"原照设置"），在下拉菜单中进行选择或输入自定比例（见图 3-17）。或者单击小锁使之打开，任意改变白框大小和长宽比。另一种方法是单击"长宽比"左侧的图标，取下裁剪工具直接在照片上进行裁剪，操作方法和 Photoshop 相同。

旋转

若照片歪斜，需要通过旋转将它矫正。单击"裁剪叠加"工具，照片外围出现白框和九宫格，可以按快捷键 Ctrl＋Shift＋H 将九宫格隐藏起来以免除干扰，如图 3-18 所示。单击"矫正工具"（见图中红圈）。

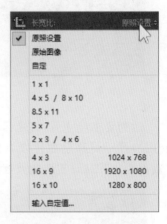

图 3-17　指定长宽比

图 3-18　矫正工具

在画面中找到水平线(如湖对岸地面)或垂直线(如塔尖到水中倒影的塔尖连线),本书中取后者。先用矫正工具单击塔尖,然后再单击倒影的塔尖,见图 3-19 中白色连线。松开鼠标左键,照片立刻被矫正,如图 3-20 所示。

图 3-19　用矫正工具连接塔尖和塔尖的倒影

图 3-20　倾斜的照片被矫正

可向左右或上下微调,移动照片,满意后双击(或按 R 键,或单击"裁剪叠加"图标)进行裁剪,白框消失,旋转裁剪后的照片充满原来照片所占空间。

另一种方法是移动"角度"滑块,在移动过程中照片上出现较密集的网格作为旋转的参照,见图 3-21 中的红框。这里将滑块拉到−3.75°,然后双击(或按 R 键,或单击"裁剪叠加"图标)实现旋转裁剪。

第三种方法是直接在照片白框外移动光标转动照片,此时光标变为弯曲的双箭头,可旋转图像,旋转可与裁剪同时进行。旋转剪裁结果见图 3-22。

图 3-21　用"角度"滑块旋转照片

图 3-22　矫正后的照片

　　Lightroom 中旋转照片不可避免要裁去照片四角的部分画面，有时会失去重要的内容。上面的例子中，倒影的塔尖几乎要被裁掉。旋转角度大或照片外围的余地较小时这一问题比较突出，在这种情况下可转到 Photoshop 去处理，因为 Photoshop 允许旋转剪裁的范围越出照片边界，并可用基于内容的填充功能填补空白。从 Lightroom 中调用 Photoshop 的问题在第 3.6 节讨论。

小贴士

熄灯使裁剪效果看得更清楚

　　为了将照片裁剪旋转的效果看得更清楚，可先按快捷键 Shift + Tab，收回上下左右四个面板,使照片显示最大,然后按 L 键使照片周围变暗,再按一次 L 键则完全变黑(熄灯),照片被突出显示,周围仍留有裁剪的白框,见下图。再按一次 L 键即可重新亮灯。

3.3　基本处理

　　从这一节起,我们按照修改照片模块各操作面板自上而下的排列次序来讨论对照片的编辑和优化,间或使用直方图和"基本"面板之间的工具。Lightroom 修改照片模块的"基本"处理面板集中了图像编辑中最重要的功能,包括白平衡、色调、偏好三个单元。之所以将它们列为"基本",是因为对于曝光、聚焦、构图正常的照片,这些处理能解决大部分(甚至全部)后期处理问题。有人认为,称它为 Basic(基本)还不如称为 Essential,即绝对必要、至关重要。你在处理照片时,应该将最多的精力用在这些方面。

3.3.1　白平衡

　　白平衡是基本功能中需要首先处理的问题,它位于基本面板最上部。只要白平衡正确,照片的颜色调整就会变得很容易,甚至已经解决。

　　进入"修改照片"模块,Lightroom 按相机设置的白平衡显示照片,见图 3-23,其中白平衡为"原照设置"。

　　单击红圈内小箭头出现下拉菜单,如图 3-24 所示。原照设置以下有 7 个选项,相当于相机的白平衡设置(效果不完全一致),这是 RAW 的情况,见图 3-24(a);对于 JPEG 只有一个预设项"自动",见图 3-24(b)。

　　图 3-23 中的人像略为偏暖,红色和黄色成分多了些,是室内灯光的影响。逐个尝试几种预设白平衡,你往往可以得到想要的结果。尝试日光,更暖了。依次选阴天、阴影、白炽灯、荧光灯,其中白炽灯的效果较好。再试自动,与白炽灯很相近,检查白平衡面板上的数据,恰好和白炽灯一致,说明现场接近于白炽灯照明。图 3-25 从左到右预设白平衡效果依次为:日光、白炽灯、荧光灯、自动。

图 3-23　导入的照片白平衡为原照设置

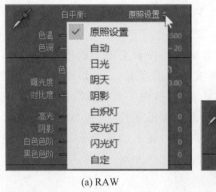

(a) RAW

(b) JPEG

图 3-24　白平衡选项

(a) 日光

(b) 白炽灯

(c) 荧光灯

(d) 自动

图 3-25　预设白平衡效果

如果不能得到严格准确的白平衡设置，如图 3-25(d)的情况，还是轻微偏红，这就要用到下拉菜单中最下面的"自定"了。

"自定"不是预设，而是通过白平衡调整中的两个滑块"色温"(Temperature)和"色调"(Tint)自行调节[①]。可从刚才所得接近准确的状态出发进行微调。将色温滑块左移会增加蓝色减少黄色（变冷）；向右则相反，增加黄色减少蓝色（变暖）。色调用来调节绿色和洋红，例如，上面选"白炽灯"会得到稍偏暖的结果，再将色温从 2850 调低到 2550，并将色调从 0 下调到 −3，微微减少洋红，得到了满意的结果，白色外衣没有偏色了，见图 3-26。由于移动了色温和色调滑块，白平衡显示为"自定"。如果要恢复原来的状态，可通过下拉菜单选择"原照设置"。

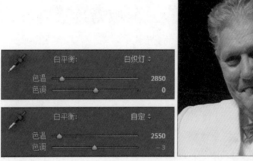

图 3-26　以合适的预设白平衡为起点微调色温和色调

注意　Lightroom 以直观的方式展示各种工具。例如，滑动条的颜色就告诉你将滑块移向两边的效果，将色温滑块移向右面使画面变暖，会增加黄色成分；相反地，移向左面使画面变冷，会增加蓝色成分。所有其他滑动条都是这样，对于调节产生的效果不必死记硬背。

以上先找到最接近的预设，再用色温和色调滑块微调。如果不是找到接近的状态，直接手动调节"色温"和"色调"，从理论上来说，也能找到最佳搭配，但实际操作是相当困难的。当其中一个远离正确的值时会对调节另一个产生严重误导。

要达到（接近）正确的白平衡，另一个方法是利用"白平衡选择器"，即图 3-27 中的吸管状工具。单击吸管状工具，光标变成吸管状。如能在照片中找到中性的浅灰色区域（要避免高亮的纯白色），用吸管单击那里取样，你立刻得到准确的白平衡。

图 3-27　白平衡选择器

只要在照片中能确定无颜色的纯灰色区域，就能使用白平衡选择器，例如图 3-23 的例子，可以单击白色外衣。以图 3-28 的酒窖照片为例，单击图(a)中酒桶标签的外围（见红圈内）可得到图(b)的结果。

移动吸管时会出现放大的局部像素分布（见图 3-29），帮你找到中性区域，如不想看到

---

①　将 tone 和 tint 都译成"色调"是为了与 Lightroom 的中文界面保持一致，但出现在同一个操作面板的两个"色调"不免发生混淆。请读者留意：与曝光度、对比度等有关的"色调"是 tone，指的是亮度分布特性；与白平衡有关的"色调"是指 tint，即偏向绿色或洋红的程度。也许将 tone 译成"影调"，与 tint 区分开来较好，因为 tone 与颜色关系不大，tint 则直接与颜色有关。

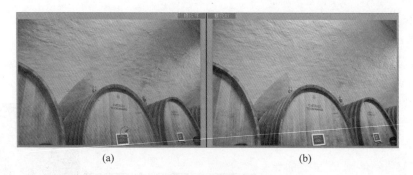

(a)　　　　　　　　　　　　　　　(b)

图 3-28　用吸管单击标签外围校正白平衡

它，取消对"显示放大视图"的选中，见图中下面的红圈。"自动关闭"表示单击一次吸管就关闭吸管功能，吸管自动回到原处。取消选中"自动关闭"可通过多次单击找到合适的白平衡，完成后再将吸管放回原处。

　　一个更便捷的方法是在图像上移动吸管光标，观看导航器，其中照片白平衡状况随吸管所在位置实时变化，如图 3-30 所示。得到满意结果即可单击鼠标，这样可以大大减少单击鼠标的次数。

　　拍摄时借助灰卡可获得准确的白平衡。灰卡在摄影器材店有售，也可使用手头的中

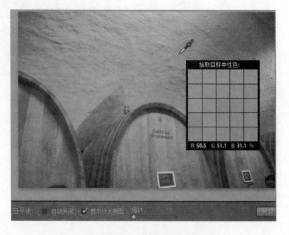

图 3-29　观察白平衡吸管周边颜色

图 3-30　移动白平衡吸管时利用导航器观察效果

性灰色纸。拍摄前选择最接近当前光线环境的白平衡设置,或用自动白平衡(AWB)。先拍一张包含灰卡的照片,让模特手持灰卡,或放在靠近被摄体的位置试拍一张(见图 3-31(a)),然后正常拍摄(见图 3-31(b))。将两张照片导入 Lightroom,对试拍的一张用白平衡吸管工具单击

灰卡得到正确的白平衡(见图 3-31(c)),然后同步到正式的那张(见图 3-31(d))。关于同步将在第 5.1 节介绍。

在 Adobe Camera Raw 中有同样的白平衡预设和吸管工具,分别见图 3-32 中一大一小两个红圈。另外还可以看到,ACR 的基本处理面板和 Lightroom 也是一样的,实际上两者使用相同的处理引擎(参看附录 A 中图 A-1 和图 A-2)。如果拍摄 RAW,白平衡偏差在 Lightroom 或 ACR 中很容易纠正过来,进入 Photoshop 后则较难通过色彩调整等手段来纠正。

图 3-31　借助灰卡精确调整白平衡

图 3-32　在 Adobe Camera Raw 中调整白平衡

小贴士

白平衡

　　白平衡(White Balance)又称为色彩平衡,即对照片全局调节各颜色成分的强度以实现准确的渲染,特别是指**中性颜色**的准确表现。一切光源都有各自的色温和色相,阳

光也随时间的不同而改变颜色。拍摄时随光源的不同,要进行适当的设定才能得到色感正确的照片,但并非总能得到理想的效果,感光元件形成的颜色不一定与视觉感受相吻合。

在后期可通过调节白平衡纠正颜色偏差,或者有意识地产生某种颜色效果。胶片时代通过改变光源或镜头上的滤镜来调节白平衡,还可以选择不同的胶片和相纸来改变白平衡。数码时代则可利用软件调节不同颜色成分实现白平衡调节。例如,右面左侧图中的颜色偏冷,右侧通过消除中性表面的颜色偏差进行了校正。

关于白平衡,可以参考：https://en. wikipedia. org/wiki/Color_balance。上图来源：By Fg2（Own work）[Public domain],via Wikimedia Commons。

3.3.2　色调：照片的亮度和对比度调整

概述

现在讨论对于数码照片最常用的调整。这里所谓色调调整其实是改变照片整体亮度和反差,以及明暗各部分的亮度分布,使它们达到最佳状态,与颜色没有多大关系[①]。在一般情况下,要使像素的亮度均衡分布在相机能表现的整个范围内,无论中间色调还是高亮度范围和暗部的层次都能得到尽可能完美的表现。

色调调整包括两组滑动条,第一组是对整幅图像亮度和对比度进行全局调整的两个滑块,另一组分别用于调整亮部和暗部的 4 个区域,两组共 6 个调整滑块,其中的 5 个见图 3-33。

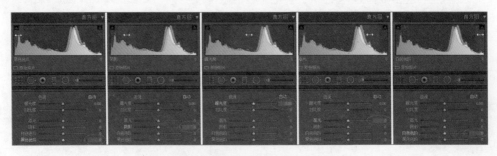

图 3-33　色调调整各滑块对应的调整范围

---

①　注意,不要混淆这里的"色调"（tone）和白平衡单元里的"色调"（tint）,参看第 3.3.1 节以及相应的脚注。尽管容易混淆,书中还是保持与 Lightroom 软件本身使用的中文术语一致。

如图 3-33 所示,将光标移到直方图的不同部位,光标会变为双箭头,直方图背景上代表相应亮度的区域微微加亮,同时对应的调整滑动条右侧也会加亮(见红圈),这样就直观地表明了调节各滑块会影响照片中的哪些亮度范围。在直方图上按下鼠标左键向两边移动光标就能调整所指的亮度范围,对应的滑块也会同时左右移动,主视图区中的照片则发生相应变化。

若将光标指在各个滑动条上,该滑动条右端和直方图的相应范围也会同时加亮。单击滑块并左右移动,调整照片的不同亮度范围,直方图也跟着发生变化,这一操作与拉动直方图的不同部位等效。将任一滑块右移都会提高照片亮度或增强处理效果;相反地,左移滑动条会降低亮度或减弱处理效果。

图 3-33 中间的一个是曝光度调节,实际上是调节照片上的中等亮度范围,向右移动产生照片整体变亮的效果,向左移动则使整体变暗[①]。位于曝光度滑块下面的是对比度调节滑块,它在直方图上没有对应的区域,调节它会影响全部亮度范围。向右移动对比度滑块使直方图向两端展开,提高照片的明暗对比(即反差),图 3-3(a)是原始状态,图(b)是对比度调高至 +50 的情况;反之,左移则使直方图向中间收拢,减小照片的明暗对比度,图(c)是对比度调低至 -50 的情况。曝光度和对比度两个滑块在照片编辑中作用最大,曝光度控制总体亮度,经常会用到。亮度合适后,可适当提高对比度(减弱对比度的情况比较少)。

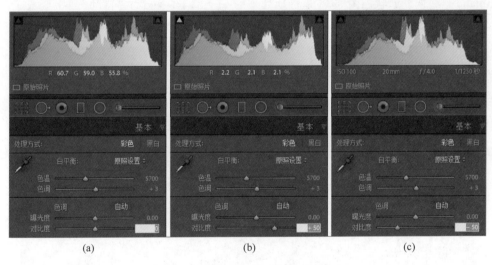

图 3-34　调整对比度对直方图的影响

曝光度和对比度下面的一组 4 个滑块用于处理照片中曝光方面存在的问题。若高光区太亮或不足,可用"高光"滑块来调整;"阴影"滑块用于展开或压缩暗部细节;"白色色阶"和"黑色色阶"的作用类似于 Photoshop 中调整色阶的明暗两端控制块,见图 3-35。

Lightroom 调整色调的两组 6 个滑块在功能上等价于 Photoshop 的"色阶""阴影/高光""亮度/对比度"三组功能之和,在概念上比 Photoshop 更加清晰,操作也更加方便有效。

---

① Lightroom 4.0 以上版本(PV2012)的曝光度滑块大致相当于 Lightroom 3.0(PV2010)"曝光度"和"亮度"的组合。早期处理引擎的几个滑块之间相互牵连,而新版引擎的各个滑块功能基本独立,因此更好用。参看图 3-2 中两种版本处理引擎的比较。

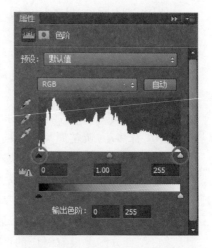

图 3-35　Photoshop 的色阶调整

色调自动调整：在"色调"二字右侧有"自动"二字，实际上这是一个操作按钮，见图 3-33 和图 3-34。在调节 6 个滑块以前可尝试单击"自动"，Lightroom 会试图给出最均衡的结果，有可能得到不错的效果，后续处理即可建立在此基础上。一般需要做进一步微调，例如，可能出现高光溢出，可左移"高光"滑块纠正它。如果自动处理效果不佳，可按下面的"复位"或用按快捷键 Ctrl＋Z（对于 Mac 计算机则是 Command＋Z）恢复原状。图 3-36 是自动处理的一个例子。注意："自动"二字变成了黑色（见红圈内），各滑块位置分别移动到了适当位置。

图 3-36　自动调整色调

小贴士

如何快速撤销处理，恢复初态

如果你做了一系列处理，发现混乱了，可以撤销它们恢复到初始状态。例如，你想使调整色调的 6 个滑块都回到原位，可以逐一将滑块拉回中点，或者将滑动条右侧的数字改为 0。但是还有更好的办法：双击每个滑块可使它归零，双击"色调"二字则使所有

6个滑块一起归零。

　　同样的方法适用于其他使用滑动条的调整项目,例如本节后面要讨论的"偏好",以及"HSL/颜色/黑白"等。

色调调整实例

　　以图3-37为例,照片显得曝光不足,应该白的地方不够白净,暗部层次不分明。可先设置曝光度,调整色调使照片总体色调正常。

图3-37　曝光略嫌不足

　　向右移动"曝光度"滑块使画面整体变亮。但不要过度,否则会造成高亮区溢出(过曝),此时直方图右上角的小三角符号变成白色以示警告,不过这是可以校正的。

　　正常时直方图右上方的小三角符号应为深灰色,若变为红(绿、蓝)色,表示红(绿、蓝)色成分曝光过度,这个问题有时并不严重。若小三角符号变为白色,表示照片上有些区域失去了红绿蓝三色的所有层次细节。将光标移到小三角符号上,光标变为手形,同时照片上曝光过度区域会显示红色,见图3-38。也可以按住 Alt 键然后移动"曝光度"或"高光"滑块,画面上曝光过度区域会变成白色,其余是黑色。如果画面全部是黑色就说明没有过曝区域。如果照片上曝光过度的范围很小,或者该处本来并没有层次,就可以不理会。例如场景中有光源,那一部分必然会过曝,可忽略不管。

　　在这个例子中,我们希望恢复更多层次。可调节"高光"来解决,"高光"滑块仅影响照片中最亮的部分,对总体亮度影响甚微。左移"高光"滑块直到右上方小三角符号变回深灰,再将"曝光度"略微调低一些,如图3-39所示。

　　"高光"滑块的一个作用是增强高亮区细节。在图3-40的例子中,将"高光"向左移到−100可使天空层次丰富,同时提高对比度和白色色阶以加强效果。

　　若直方图左端离开最低亮度值有一段较大的距离,说明照片中暗处不够暗,就是常说的"黑场"不足,画面显得不够沉稳,对比度过低,像水洗过一般。雾霾天气就容易产生这种现象。

图 3-38　提高曝光度产生局部过曝

图 3-39　调低高光消除过曝

图 3-40　压低高光并提高对比度增强天空层次

将"黑色色阶"左移,直到即将或刚刚发生暗部溢出(直方图左上方小三角符号变成白色)为止可解决此问题。见图 3-41 的例子,其中降低了黑色色阶,提高了高光,使画面变得较为通透。

图 3-41　改善雾霾中景物的清晰度

在图 3-42 中,为使天空蓝色饱和,可降低曝光度,并适当提高白色色阶和高光。"黑场"不足使画面平淡,将黑色色阶左移至−51。提高阴影区亮度以突出暗部层次,同时提高对比度,用 6 个滑块的配合大大改善了原来平淡的照片。

3.3.3　偏好:清晰度和鲜艳度

基本面板中最下面一组三个调整滑块称为"偏好",其中的"清晰度"(Clarity)可增强中间色调的对比度,使画面更显得清晰,更具冲击力。图 3-43 说明清晰度调整的作用,图(a)中已调整了色调,图(b)将清晰度提高到＋60,使水面波浪起伏更加清晰。通常应根据具体照片确定调整幅度,对于风景照,在多数情况下可将清晰度调至 25～50,有时还可更高。对于不需要增强中间色调对比层次的(如人像要求面部柔和平滑),可少调或不调。

颜色饱和度高一些的照片通常比较悦目,Lightroom 有"鲜艳度"(Vibrance)和"饱和度"(Saturation)两个滑块用于调整饱和度。对于后者,不管原来饱和程度如何,都以同样程度改变整张照片的饱和度,调节过度会产生不自然的效果。建议将饱和度的调整幅度控制

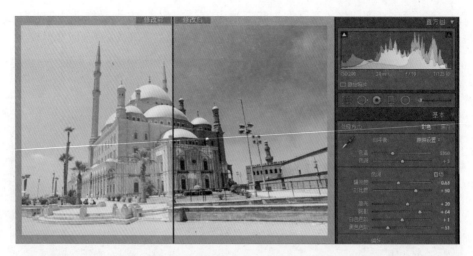

图 3-42　综合使用 6 个色调滑块增强图像

(a)

(b)

图 3-43　提高清晰度

在 10 以下，甚至完全不动它。

　　Lightroom 的鲜艳度调整类似于胶片时代的反转片（ValviaFilm）效果，可使照片色彩鲜艳，而且不易产生饱和度调整的不自然效果。改变鲜艳度对原本饱和度较低区域作用较大，饱和度高的区域作用较小，特别是不易使人脸产生难看的过饱和现象。Lightroom 中文界面将 Vibrance 译作"鲜艳度"，Photoshop 和 Camera Raw 则称为"自然饱和度"，它们实际上是同样的意思。图 3-44 进一步将鲜艳度提高到＋60。提高清晰度和鲜艳度都会略微提高照片亮度。

图 3-44　提高鲜艳度

　　对于人像照片尤其要慎用饱和度。图 3-45(a)、(b)分别是将饱和度和鲜艳度提高到＋60的情况，可见饱和度过高不可取。要把照片的彩色去掉可将饱和度调至－100，见图 3-45(c)，但这并不是将彩色照片转为黑白的好办法。黑白处理见第 3.4.2 节。

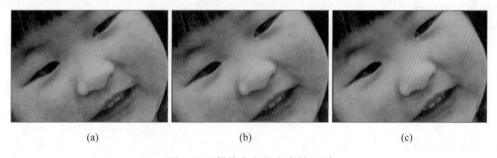

(a)　　　　　　　　　　(b)　　　　　　　　　　(c)

图 3-45　鲜艳度和饱和度的区别

注意　　用 Lightroom 处理 RAW 和处理 JPEG 的过程完全相同，对于 RAW 格式不要求任何额外操作。对于 RAW 的调整空间大，可用手段较多，处理效果更好。例如白平衡，Lightroom 对 RAW 提供了类似于相机中的白平衡预设，对于 JPEG 则没有。在色调方面，拍摄 RAW 能在更大程度上弥补前期拍摄的失误，如曝光过度和不足。

小贴士

比较处理效果的显示模式

修改照片模块主视图区下的工具条左端有两个按钮，左侧按钮用于常规显示，即当前图像的默认放大视图，右侧按钮用于比较处理效果。连续单击右面的按钮依次改变比较模式，如下面四幅图所示。

选定四种比较显示模式中的一种后，可以通过快捷键 Alt＋Y 在常规显示和比较模式之间来回切换。

3.4 曲线和颜色调整

对照片亮度、对比度、颜色的调整通常不可分割，但各种功能还是有所侧重。前两节的讨论除白平衡、鲜艳度、饱和度涉及颜色外，重点在于曝光度和对比度，以及对不同亮度区域的调整。本节要讨论的三个操作面板中，"色调曲线"不仅能以更大的自由度调节不同亮度区域的对比度，还能对 RGB 三基色进行分别调节，从而改变照片的色彩特性。"HSL/颜色/黑白"可针对各种颜色成分进行精细的处理。这些功能是增强照片冲击力，优化视觉效果的有力手段。"分离色调"则主要用于产生各种效果的双色照片，也可改变彩色照片的风格。

3.4.1 色调曲线

第 3.3.2 节中，图 3-34 给出"基本"面板上的对比度滑块用于改变照片整体对比度的情况，但滑块功能过于简单，并不能分别控制不同亮度区域的对比度特性。面板"色调曲线"（Tone Curve）主要用于调整对比度，可实现照片对比度的精细控制，其功能和用法与 Photoshop 的"曲线"以及 Camera Raw 的"色调曲线"基本一致。色调曲线不会造成高光或暗部溢出，可针对局部亮度范围进行调整。

同时调整 RGB 通道

展开"色调曲线"面板，曲线的初始状态是一条倾斜 45 度的直线，下部的"点曲线"默认选择为"线性"，说明没有加载任何预设曲线，见图 3-46 中的红圈。

图 3-46 色调曲线的初始状态

提高对比度最简单的方法是从下拉菜单中选择，图 3-47 是强对比度的情况，可见曲线变为 S 形。曲线上对应图像中等亮度的部分（即照片中主要吸引注意力的内容）越陡，对比度越强。

图 3-47 选择强对比度时曲线变为 S 形

小贴士

理解曲线

Lightroom 和 Photoshop 用曲线表示像素值（亮度值或颜色值）调整前后的关系。以右图为例，水平方向和垂直方向分别表示调整前后的亮度，0 为最暗，$x_m = y_m$ 为最亮，其中的曲线呈 S 形。例如，调整前某一像素亮度为 x_1，根据曲线，调整后变为 y_1。同样地，x_2 变为 y_2。S 形曲线中间部分较陡，使原来较小的亮度差距变大，即 $(y_2 - y_1) > (x_2 - x_1)$，照片的主要成分亮度差增大使整体对比度提高。由于曲线两端被固定在正方形顶点，高亮成分和暗部的层次会被压缩。

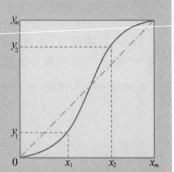

曲线初始状态是一条 45°的斜线，如图中浅蓝色点划线所示，水平轴上的数值和对应的垂直轴数值相等，表示没有做任何处理。

如果选择图 3-47 中"强对比度"仍嫌不够，可以手动调整曲线。曲线上的小圆圈是控制点，用鼠标将曲线对应于高亮的小圈向上拉，将对应暗部的小圈向下拉，进一步提高曲线中部的陡度，此时"点曲线"属性变为"自定"，见图 3-48。注意：光标变成双箭头。也可以直接从"线性"开始调整，可自行在曲线上添加小圆圈。若要去掉一个小圆圈，用鼠标选中它，拖到曲线所在的方框以外即可。

图 3-48　自定曲线

还可以用滑块调整曲线：单击曲线右下方的按钮，见图 3-49（a）中的小红圈，会展开 4 个调整滑块（如图 3-49（b）、（c）所示），可移动这些滑块改变曲线的形状。

另一种办法是单击曲线左上方的靶形图标，此时靶上下出现小箭头（见图 3-49（c）左上

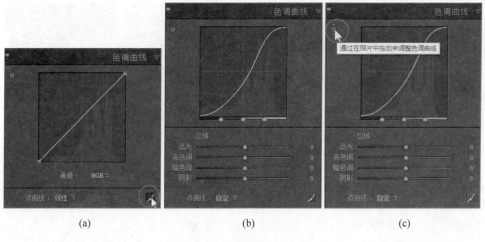

(a)　　　　　　　　　　　　　(b)　　　　　　　　　　　　　(c)

图3-49　用滑块调整曲线

方的红圈），光标变成一个十字形"靶状调整工具"（Targeted Adjustment Tool，TAT），在其右下方有带上下箭头的靶子，见图3-50左下方的红圈内。用TAT直接在照片上调整局部亮度，下移变暗，上移变亮。移动TAT时会在曲线对应的亮度部位出现一个小圈（即控制点，见图3-50右方的红圈），并以曲线上的加亮区域显示可变化的范围。调节不同部位的亮度可改变照片的整体对比度。调整完毕将TAT放回原处，单击鼠标使之回归原状。

图3-50　上下移动TAT调节照片局部明暗

关于曲线调整需要了解的其他方面：

➢ 用光标指向各个滑动条，曲线上出现的加亮区域表示该滑块可改变曲线的范围，如图3-51所示。

➢ 可移动曲线下面横坐标上的三个滑块，改变不同亮度区域的范围，也就是可以自己定义"高光""亮色调""暗色调""阴影"区的范围。

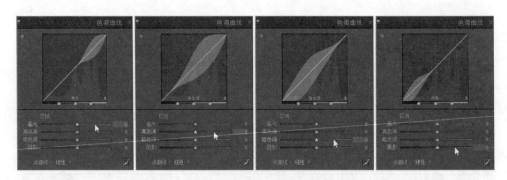

图 3-51　各滑块对应不同的曲线调整范围

> 双击滑块恢复默认值，双击"区域"二字可将四个滑块全部恢复初始状态。

> 如在基本面板中已经调整了对比度，用曲线调整的效果会叠加。

单击"色调曲线"面板名称左侧的开关（图 3-52 上方的红圈内）可撤销用曲线进行的调整，使曲线恢复 45°斜线，但仍可看出调整的曲线形状。再单击一次就会重新加载调整的曲线效果。图 3-52 显示了调整前后的对比。

图 3-52　曲线调整前后对比

注 意　双击一个单元的文字使得该单元所有滑块复原是一个便于使用的功能，例如这里的"区域"，"基本"面板的"白平衡""色调""偏好"，等等。以后还会遇到更多。

分别调整红绿蓝三通道曲线

以上是利用四个滑动条调节曲线，同时改变 RGB 三个通道的情况。处理引擎 PV2012

提供了对红绿蓝通道分别调整曲线的功能（与 Photoshop 的曲线一样）。单击"色调曲线"面板右下部的图标（图 3-52 右下方的红圈内），收起"区域"单元的 4 个滑块，曲线下部出现"通道"选择器，见图 3-53 红圈内，并参看图 3-49。有 RGB、红色、绿色、蓝色四个选项。若照片中红色成分偏多，可单击通道右侧小箭头，在下拉菜单中选择红色，方框中的斜线背景即显示红色分量的直方图。将斜线向下拉以降低红色成分，图中显示的是处理前后的比较。

图 3-53　压低红色分量使颜色正常

图 3-54 是对红绿蓝三通道分别调整曲线的另一个实例。将蓝色曲线调成 S 形，压低蓝色曲线的暗部可使植物显得较暖，提升蓝色曲线的高亮部分可使天空更蓝。

图 3-54　蓝色曲线调成 S 形使照片较暖同时天空更蓝

分别调整红绿蓝三色曲线同样可使用 TAT 工具，有时可能有更好的感受，读者可尝试操作。

3.4.2 HSL/颜色/黑白

HSL

色调曲线提供对不同亮度区域的局部调整手段，HSL 则提供对不同颜色成分的局部调整手段。HSL 意为色相（Hue）、饱和度（Saturation）、明亮度（Luminance），可对不同颜色成分的三个属性进行灵活的调节以取得各种效果，甚至将一种颜色变成另一种颜色。

展开"HSL/颜色/黑白"面板，选择 HSL，可见"色相""饱和度""明亮度""全部"4 个选项卡。选前 3 项分别会出现 8 个滑块，如图 3-55 所示，选"全部"会展开所有 24 个滑块。

图 3-55　HSL 调整面板的三个选项卡

单击"色相"选项卡，如图 3-55 左侧图所示。分别移动"红色"等 8 个滑块，各个滑动条上的色谱直观地表示相应色相可产生的变化范围。例如图 3-56 中，将橙色滑块向右移到 +100，橙色的花变成了黄色。

单击"饱和度"可调节不同颜色成分的饱和度，例如图 3-57 中，将绿色饱和度左移，降低到 -43。

单击"明亮度"调节不同颜色的明亮度，如图 3-58 所示，提高了黄色和绿色的明亮度，降低了洋红的明亮度。

图 3-56　将橙色的色相提高至 -100

图 3-56 （续）

图 3-57 降低绿色饱和度

图 3-58 调整各种颜色的明亮度

如图 3-59 所示是将蓝色饱和度提高到＋55，蓝色明亮度降低到－33 的情况。这是使蓝天更鲜艳的常用方法之一，可得到类似于偏振镜的效果，甚至更强。参看后面图 3-63 中同时展示对饱和度和明亮度的调整。

图 3-59　提高蓝色饱和度并降低明亮度使蓝天更鲜艳

小贴士

色相、饱和度、明亮度

像素的颜色可用 RGB 即红绿蓝三基色来表示，也可以用 HSL 即色相（Hue）、饱和度（Saturation）、明亮度（Luminance 或 Lightness）表示。RGB 和 HSL 是等价的，可以互相换算。在调整照片颜色时，用 HSL 描述颜色更为直观和方便。

说到颜色，例如红、黄、绿，实际上指的是"色相"，色相的范围可用一个"色轮"来表示，见以下左图，改变色相相当于围绕色轮旋转。

饱和度是指某一色相的强度，从灰暗到鲜艳。以下中间的图同时表现色相和饱和度，径向表示饱和度，从圆心到外围，饱和度从最低到最高，饱和度最高就是纯色。

右图是增加了第三个维度即明亮度的圆柱体，柱体底部明亮度最低，是黑色的，顶部明亮度最高，是白色的。

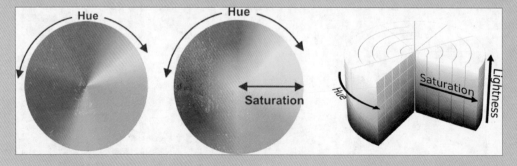

注：三维 HSL 圆柱体图像来源：SharkDderivative work：SharkD Talk-HSL_color_solid_cylinder.png.CC BY-SA 3.0,https：//commons. wikimedia. org/w/index. php?curid＝9801661。

如果某种颜色集中于照片中一个区域,可通过调整色相改变其颜色,起到调整局部空间区域颜色的作用。图 3-60 中,将浅绿色的色相滑块移到＋100,使演员的浅绿色服装变成天蓝色。同样的调整也可用 TAT 工具实现:在色相调整面板上取下 TAT 工具(关于 TAT 参看第 3.4.1 节),在衣服上向上拉动使浅绿色变成天蓝色,此时浅绿色色相滑块移到了＋100。用 TAT 调整和拉动滑块是等效的。

图 3-60　调节色相改变局部颜色

通过饱和度调节还可消除局部偏色。在图 3-61 的例子中,降低黄色和绿色的饱和度消除了因复杂环境光引起皮肤、头发、服装、话筒的异常偏色。

图 3-61　调节饱和度纠正局部偏色

有时很纯的绿色成分并不悦目,如果大面积绿叶含有蓝色成分还会使画面显得偏冷。解决的办法是增加一些黄色,可将绿色的色相向左移动,如图 3-62 所示。

颜色

HSL 调整的功能也可以通过"颜色"选项卡实现,例如图 3-59 调整了蓝色成分的饱和度和明亮度,单击"颜色"上的蓝色块,可从展开的面板中看到,蓝色成分已做了相应调整,见

图 3-62　改变绿色成分的色相

图 3-63。单击"全部"会展开所有 8 个颜色的色相、饱和度、明亮度滑块。

　　实际上 HSL 和"颜色"的功能完全等价，只是操作的顺序或习惯不同。前者先在色相、饱和度、明亮度三个属性中选一个，每个选项包括八种颜色对应的调节滑块；后者先选定八种颜色中的一种，每种颜色包括色相、饱和度、明亮度三个调节滑块。选择哪种方式取决于你要同时对多种颜色的某一个属性（色相、饱和度、明亮度）进行调整，还是要对一种颜色的三个属性同时进行调整。例如增强天空蓝色，在"颜色"调整界面单

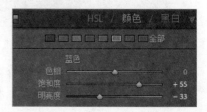

图 3-63　在"颜色"界面调整蓝色的三个属性

击蓝色小块即可方便地同时调节蓝色的饱和度和明亮度，有时你还会感到蓝天有些偏色，可微调色相观察效果以取得满意的效果，不必来回切换。

黑白

　　在基本面板中将饱和度滑块移到左端（调至−100）即可去掉所有彩色得到黑白照片，见第 3.3.3 节。用"HSL/颜色/黑白"面板中的"黑白"是更好的办法。

　　在制作黑白照片之前，可先对彩色照片进行初步处理。例如图 3-64 中先降低"黑色色阶"以增强黑场，然后通过打开"照片"菜单，选择"创建虚拟副本"命令，生成一个虚拟副本。也可右击胶片带、放大视图、网格视图、修改照片模块中的照片视图，在出现的菜单中选择生成虚拟副本。虚拟副本可保留同一照片的不同版本，却不在硬盘上复制图像，这里用来形成黑白版本。图 3-64 在修改照片视图中显示的就是虚拟副本，在胶片带上可见缩览图的左下角有一个折角，见红圈内。由图可见对虚拟副本又进一步将黑色色阶调低到了−10。

注意　　对一张照片可以创建多个虚拟副本。Lightroom 将一张照片不同版本的处理流程及相关信息保存在目录中，不必复制文件，这是利用图像数据库功能的一个优势。关于虚拟副本详见第 5.4 节。

图 3-64　创建一个虚拟副本用来进行黑白处理

　　展开"HSL/颜色/黑白"面板，选择其中的"黑白"，立刻得到自动转换给出的黑白照片，但是显得比较平淡，如图 3-65 所示。注意：在调整面板中，各滑块已离开了中间位置，取的是默认值。

图 3-65　默认的黑白设置

将照片转换为黑白时，调节各颜色分量可得到不同的处理效果。自动转换得到的黑白照片往往不符合你的要求，多数摄影师希望得到对比度更高、细节更加丰富、冲击力更强的黑白照片。

现在进入"基本"面板，左移"高光"和"白色色阶"，使白色的毛巾和羊皮衣服层次更加鲜明。直方图右端接近饱和，但还有余地，很好地表现了高亮层次，见图 3-66。

图 3-66　充分表现高亮度层次

对于黑白片，暗部（黑场）仍嫌不足。将黑色色阶左移，直到整体足够沉稳。通常可允许一定程度的暗部溢出，如要绝对避免直方图左上方小三角符号变为白色，你会发现照片冲击力不够，此时应适当提高对比度。效果见图 3-67。

图 3-67　增强黑场

为了增强中间色调的对比度，可提高"偏好"中的"清晰度"，见图3-68。因为是黑白照片，此时"鲜艳度"和"饱和度"不可用。你会发现脸部细节更丰富，亮度也有所提高，羊毛外衣上的细节变得更加清晰。

图 3-68 提高清晰度以增强中间色调对比度

现在可利用 Lightroom 的预设对面部进行锐化：转到左侧面板，展开"预设"，选择"Lightroom 常规预设"中的"锐化-面部"，见图3-69。如果锐化程度还不够，可尝试"锐化-风景"。至此黑白转换已基本完成。

图 3-69 利用 Lightroom 预设锐化面部

最后，如果你要使照片的某一部分加亮或变暗一些，回到"HSL/颜色/黑白"面板中的"黑白"，单击 TAT 工具，将 TAT 光标置于要调整的部位，向上或向下移动使照片局部加亮或变暗。在图3-70中，将背景的绿色树叶变暗了（见图中红圈）。可从面板中的滑块的移动看到，尽管是黑白照片，Lightroom 仍然知道是哪些颜色成分组成了照片中某一个局部区域（绿成分从图 3-65 中的－26 变成了－80，黄色成分从－21 变成－54）。这里 TAT 发挥了特殊的作用，在黑白照片中可以不考虑要加深或减淡的部位原来是什么颜色，只需关注最终效果。

图 3-70   用 TAT 加深或减淡某一局部

图 3-71 中，左面是自动黑白转换得到的，右面是经过精心人工处理的效果，右面的照片具有较强的冲击力。

图 3-71   自动黑白转换和精心处理的比较

> **注意** 想要找出收藏夹中有哪些照片适合于转换为黑白,可采取下列步骤:按快捷键 Ctrl + A(对于 Mac 计算机则是 Command + A)将收藏夹内的照片全部选中,按 V 键将它们暂时转为黑白(自动同步,参看第 5.1.2 节),按快捷键 Ctrl + D(对于 Mac 计算机则是 Command + D)取消选择,从收藏夹里找到适合于黑白转换的照片,按 P 键添加"留用"旗标,再次将照片全部选中,按 V 键返回彩色。此时标有留用旗标的照片就是你的候选照片。

3.4.3 分离色调

分离色调的基本用途是赋予黑白照片双色效果,具体而言就是用两种不同的色调来渲染黑白照片中的高光部分和阴影部分,从而得到一张具有特殊风格的双色调照片。对于大多数摄影者来说,分离色调也许不是很常用的功能。

作为实例,选择一张适当的照片,将它转为黑白。展开"分离色调"面板,见图 3-72。

图 3-72 对黑白照片分离色调处理

由图可见,"分离色调"面板分为高光和阴影两部分,每一部分包括色相和饱和度两个滑动条。尝试在阴影区添加一定颜色的影调,将阴影的饱和度提高到 25,照片即呈现红色影调,这是因为初始状态下色相滑块位于红色部位,见图 3-73。

将阴影的色相调至 41,进一步提高饱和度至 35,可得到传统的双色效果,如图 3-74 所示。当然你也可以调到任何你喜欢的色相和饱和度。

按住 Alt 键(对于 Mac 计算机则是 Option 键),分离色调面板上的文字"高光"和"阴影"变为"复位高光"和"复位阴影",单击它们可撤销刚才的处理,恢复原始状态。

为高光和阴影分别选择两种不同的颜色,例如将高光色相调至 40,将饱和度调至 55;将阴影色相调至 200,将饱和度调至 25,见图 3-75。

高光和阴影的两种颜色分别见两个色相滑动条右上方的色块。单击它们会出现颜色选

图 3-73　提高阴影饱和度

图 3-74　一种可能的影调

图 3-75　高光和阴影被赋予两种颜色

择器,如图 3-76 所示。其中的两个小方块表示现在选择的两个颜色的色相(水平位置)和饱和度(垂直高度)。此时光标变为吸管状,可在选择器上单击以选择任意颜色。

图 3-76 颜色选择器

高光和阴影两组滑动条之间是调节"平衡"的工具,用于自定义高光区和阴影区的分界,可改变分离色调的效果。图 3-77 是在上述高光和阴影设置下,将平衡点调至 —25,即偏向阴影方面,照片上更多区域呈现阴影区的影调,高光的分量会相应减小。

图 3-77 改变平衡点

当然也可以将此功能应用于彩色照片,第 5.2.1 节给出了分离色调用于改变彩色照片风格的一个例子,即 Lightroom 提供的一种用于快速处理的预设"往昔",通过改变"分离色调"的几个滑块使照片风格发生变化。更多的应用要由用户自由发挥,这里不做详细讨论。

3.5 消除照片缺陷和瑕疵

如果曝光、聚焦、构图正常,基本处理一般能解决大部分后期处理的问题。前文讨论了对比度和颜色的精细调节,使照片质量进一步优化。但是不少照片也会存在不同性质、不同程度的缺陷和瑕疵,Lightroom 提供多种手段用于解决这些问题。这里涉及的清除污点和去除红眼属于局部处理,但由于污点和红眼也是照片上的瑕疵,所以放在本节讨论。

3.5.1　几何畸变的校正

加载镜头配置文件自动校正

第 3.2.2 节讨论了镜头校正的部分功能，主要是加载镜头配置文件，对镜头缺陷造成的几何畸变、暗角、紫边进行自动校正。本节考虑如何校正比较严重的几何畸变。

图 3-78 是用广角镜头拍摄的照片，其中存在镜头产生的畸变和俯拍产生的几何变形。已加载镜头配置文件（Profile）对镜头畸变进行了自动校正：在"镜头校正"面板中选择了"启用配置文件校正"，根据照片元数据识别了正确的镜头。如果未找到匹配的镜头，可尝试相近的型号（见图中下拉菜单）观察处理效果。由图可见，启用配置文件自动校正后，照片中因镜头光学缺陷造成的失真被纠正，或部分纠正。如图 3-78 中下面的照片中，近景被拉直了一些，暗角消失。

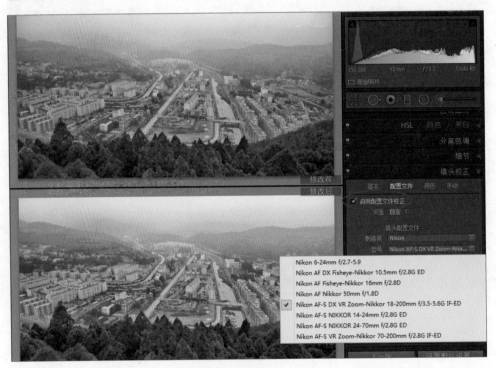

图 3-78　自动镜头校正

手动校正

由于俯拍造成透视失真，建筑物向外侧倾倒，需要手动校正。选择"手动"选择卡，在展开的面板中，有"变换"和"镜头暗角"两个单元。前者包括 6 个滑块，右移第 2 个滑块"垂直"至 +38，但仍有整体向顺时针方向的倾斜。见图 3-79。

为了纠正整体倾斜，调节第 4 个滑块"旋转"，或使用裁剪叠加工具。这里用裁剪叠加工具将照片逆时针旋转 0.48°。最后还需要将畸变校正和旋转造成的白边裁剪掉，见图 3-80。图 3-81 是修改前后的对比。若选中"变换"单元下部的"锁定裁剪"，会自动将白边裁掉。

图 3-79　手动调整垂直

图 3-80　旋转照片纠正倾斜

图 3-81　调整前后比较

　　广角镜头容易产生桶形畸变,长焦镜头则容易产生枕形畸变,大变焦镜头的这种几何畸变尤为明显。图 3-82 中的照片用 Nikon28～300mm/f3.5-5.6 镜头的 28mm 端拍摄,除了透视失真以外,还有桶形畸变,本应是直的立柱发生了显著弯曲。

　　用配置文件校正未能完全消除桶形畸变。在"镜头校正"面板中选"手动",将"变换"单元的第一个滑块"扭曲度"右移到＋16 消除桶形畸变。将"垂直"滑块左移至－23,顺时针旋转 0.7 度,使立柱垂直,见图 3-83。最后将白边裁掉,图 3-84 给出处理前(上半部)后(下半部)的比较。

图 3-82　桶形畸变

图 3-83　调整扭曲度、垂直、旋转

图 3-84　处理前后

小贴士

镜头造成的畸变和失真

　　所有镜头的光学性能都不是完美无缺的，都存在不同程度的失真。镜头造成的变形程度从画面中心至边缘递增，在画面边缘表现最为突出。一般说来，定焦镜头的光学性能较好，变焦镜头则因为难以兼顾广角和长焦两端，在设计中不得不采取折中措施，因此在焦距的两端畸变问题较为明显。

　　在用广角镜头拍摄时，画面边缘容易向外凸出，这种现象称为**桶形畸变**；用长焦镜头拍摄时，画面边缘向内凹进，称为**枕形畸变**。

　　畸变使画面变形。轻微变形在大多数情况下并无大碍，但在某些情况下这种变形就不可接受，特别是对于有平直轮廓的对象。例如，拍摄建筑物或者翻拍资料，即使轻微的弯曲也很明显。要减小畸变，在拍摄时应尽可能避免使用镜头的最广角或最长焦端，并适当收小光圈。

　　除了桶形畸变和枕形畸变外，镜头还可能造成其他失真，例如球差、像散、彗差、像场弯曲、色差等，对成像质量产生不同的不利影响，例如暗角、紫边等问题。

　　在数码时代，可以通过后期处理在很大程度上消除因镜头缺陷造成的几何畸变和其他失真。

利用 Upright 功能进行校正

　　Lightroom 5 以后版本的一个新功能是镜头校正中的 Upright（直立）功能。图 3-85 中的照片是用焦距为 14mm 的广角镜头向下俯拍得到的，几何畸变十分夸张。在"镜头校正"面板中，选择"基本"选项卡，在下部出现包括 5 个按钮的 Upright 单元。注意：这里已经启用了配置文件校正。

图 3-85　用广角镜头俯拍的效果

图 3-86 是 Upright 处理结果，分别是"自动"（左上）"水平"（右上）"垂直"（左下）"完全"（右下）的处理结果。

如果事先曾进行裁剪，应选中 Upright 上面的"锁定裁剪"，否则单击任何一个按钮都会撤销前一项裁剪操作，而对原来的整幅作品进行校正。

上面这个例子中，"水平"显然不解决问题，"垂直"和"完全"效果十分接近，不妨以"垂直"为基础作进一步调整。

由图 3-86 可见，大幅度几何校正可能使照片局部缺失。Lightroom 不具备在原始图像范围之外填充内容的功能，因此必须借助 Photoshop。右击照片，选择下拉菜单中的"在应用程序中编辑"，进入 Photoshop，进行裁剪时保留左右上方部分空白区域，用基于内容识别的填充功能填补蓝天，然后再用填充功能和仿制图章将右下部的残缺对象删去，得到图 3-87 的结果。关于调用 Photoshop 的问题将在第 3.6 节详述。

图 3-86　Upright 的四种处理效果

图 3-87　几何校正后再用 PS 填补右上角天空

注意　Upright 对不同照片会给出不同的结果，要根据实际情况选择合适的一种。有时处理结果不可预测，特别是"完全"校正，例如图 3-88，左侧是原照片，右侧"完全"校正的结果显得相当怪异。

图 3-88　完全校正有时会产生意料不到的结果

3.5.2 降低噪点

尽管许多单反相机在高 ISO 条件下仍能得到不错的照片,但是仍存在噪点多的问题。如图 3-89 所示的例子是在远距离拍摄舞台,ISO 设为 2500,放大可见明显噪点。已在基本面板中调整了色调。

图 3-89 高 ISO 拍摄的照片

由于现场灯光复杂造成偏色,照片偏黄,在白飘带和地板上特别明显,脸部也偏黄。进入 HSL 面板降低黄色饱和度,消除了异常的偏色,见图 3-90。通过降低特定颜色成分饱和度消除偏色的问题在第 3.4.2 节已有说明,参看图 3-61。

图 3-90 降低黄色饱和度消除灯光引起的颜色偏差

现在着手解决高 ISO 导致噪点明显的问题。进入"细节"面板,如图 3-91 所示,其中包括"锐度"和"减少杂色"两个单元,杂色就是噪点。单击放大预览窗左上方的标记,在照片上指定位置观看局部细节。若预览窗不出现,可以单击图 3-91 中红圈内的小三角符号将它展开。

图 3-91　"细节"调整面板

在"减少杂色"单元中有"明亮度"和"颜色"两部分。一般说来，彩色的杂色最为醒目，所以先调节颜色。由于这张照片是 RAW 格式，在导入时 Lightroom 自动降低了颜色噪点，同时提高了锐度，由图可见"颜色"滑块已经位于 25，锐度提高至 25，面板上其他滑块也都位于默认位置。对 JPEG 则不会进行自动处理，因为这些操作都已在相机里自动进行了，而且幅度通常更大。

但有时将颜色滑块调到 25 可能已经太多。不妨尝试将它向左调回至 0，然后逐步增大到彩色杂色恰好消失的程度，继续将滑块右移并无益处。另外两个滑块的作用较小。调节细节，观察照片中的边缘，细节值大时对边缘的颜色信息保护要好一些，但可能产生颜色斑块；细节值低则可避免斑块。总之，一切都取决于视觉效果。

图 3-92 从左到右分别是"颜色"滑块位于 0、50、100 的情况，可见，对于本例滑块在 50 时能消除颜色噪点，所以对本例就调到 50。调节下面的"细节"和"平滑度"滑块以取得更满意的效果，它们的作用不明显。

现在照片显得比较粗糙，右移"明亮度"滑块逐步减少亮度噪点，图 3-93 是移到 0、50、100 的情况。"细节"滑块用于控制降噪阈值，就是降噪功能开始起作用的粗糙程度。它为 0 时，对任何粗糙度都起作用，降噪作用最强，但会牺牲一些纹理细节，使画面变得过于平滑。提高阈值使降噪从稍高的噪点水平开始起作用，会残留一些噪点，但不易损伤纹理。总之，细节滑块左移，画面较干净，锐度较低；滑块右移，残留噪点增多，但细节

图 3-92　消除颜色噪点

图 3-93　消除亮度噪点

保存较好。需根据情况适当取值，图 3-93 中是阈值取 35 的情况。对比度滑块也需要折中，过分提高对比度有可能会产生斑块。这里取 50，并适当锐化（见 3.5.3 节）。

对本例进行了消除偏色和降低噪点的处理，图 3-94 是处理前后的比较。

图 3-94　处理前后

3.5.3　锐化

如果拍摄 JPEG 格式，相机会进行锐化，锐化过度造成边缘生硬不自然，是不可逆的损伤。拍摄 RAW 需要自己来做。展开"细节"面板，Lightroom 导入 RAW 文件时会自动进行一定程度的锐化，预设参数见图 3-95 红框内。导入 JPEG 时锐化值为 0。

图 3-95　导入 RAW 时按默认预设进行锐化

> **注意**　　Lightroom 的锐化处理是可撤销的，因为只是将处理步骤和参数记录在目录中，并不修改导入的照片文件（无论 RAW 还是 JPEG）。而在 Photoshop 中，必须复制图层进行锐化，并保留图层，存为 TIFF 或 PSD 格式才有可能将所做的锐化处理撤销。

从 Lightroom 4 开始使用的处理引擎 PV2012 对锐化功能有较大改进，可进行更强的锐化而不明显损伤照片。由图 3-95 可见，锐化调整包括"数量""半径""细节""蒙版"4 个滑动条。

移动"数量"改变锐化程度，图 3-96 从左到右分别是 1、75、150 的情况，"数

图 3-96　不同的锐化程度，自左至右：1，75，150

量"越大,锐化程度越强,但会增加噪点。"半径"是锐化影响的像素范围,半径大则锐化强,但半径过大会使边缘不自然并增强噪点,一般可设为 1 左右,如要增强锐化效果,可适当加大半径。单击改变图 3-95 中小红圈内的拨动开关状态可切换显示锐化和未锐化两种情况。

用 Photoshop 的 USM 锐化工具时,锐化过强易在边缘产生晕圈(Halo),而 Lightroom 有防止晕圈的功能,"数量"在 100 以下时不易产生晕圈;在 100 以上时,性能与 Photoshop 相似。在本例中将数量设为 75。

调节"细节"相当于改变 USM 的阈值,值小时只有强的边缘处被锐化,平滑区保持平滑;值大时只要有轻微起伏就被锐化。图 3-97 是"数量"为100,半径为 1.5 时,"细节"分别为 0、50、100 的情况。一般"细节"不宜过大,可保持默认的 25。

图 3-97 细节值不同时的处理效果,自左至右:0,50,100

这里的"蒙版"是用来保护平滑区域不被锐化的。此功能对人像特别重要,因为通常希望将眼睛、眉毛、嘴唇、头发锐化,而保持面部柔滑。按住 Alt 键拉动"蒙版"滑块,在主视图区里会显示锐化蒙版的状况,见图 3-98。黑色部分是被蒙版屏蔽的区域,不受锐化影响,白色部分会被锐化。图 3-98(a)的蒙版值为8,面部未被完全屏蔽;图 3-98(b)的蒙版值是 72,可将锐化限制在边缘区,面部不会受损。图 3-99 是锐化前后的比较,图(a)是未经锐化的情况;图(b)的锐化值为 100,蒙版值为 0,眉毛、睫毛、眼睛锐化了,但面部噪点被增强;图(c)的锐化值也是 100,蒙版值为 72,面部则保持光洁。

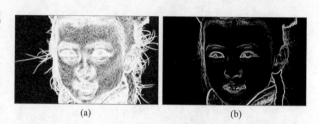

(a)　　　　　　　　(b)

图 3-98 锐化蒙版

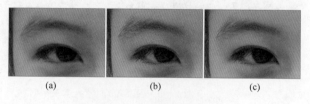

(a)　　　　　(b)　　　　　(c)

图 3-99 蒙版的效果

除了人像,通常将锐化蒙版置 0。试展开左侧的"预设"面板,在第一组"Lightroom 常规预设"中有两个锐化预设:"锐化-风景"和"锐化-面部",见图 3-100。对风景锐化设置的参数为:数量 40、半径 0.8、细节 35、蒙版 0;对人脸锐化的参数为:数量 35、半径 1.4、细节 15、蒙版 60。

图 3-101 是用"锐化-风景"预设进

图 3-100 对风景和人物面部的不同锐化预设

图 3-101 利用"锐化-风景"进行锐化的效果

行锐化（数量为 40，细节 35，蒙版为 0）的情况，可见细节得到了增强。直接使用预设经常能得到满意的结果，如果还要提高锐化程度，可以适当增大数量和细节。

　锐化处理要慎重，如果处理不当会损害照片质量。由于其他处理项目如曝光度、对比度、清晰度、饱和度都会对照片的锐度产生一定影响，缩小照片尺寸、打印等也会改变锐化效果，所以锐化通常应该放到最后一步来做。

3.5.4　清除污渍

Lightroom 提供一组功能很强的工具，位于"基本"面板上面，其中左起第二个"污点去除"工具用于清除画面上的瑕疵，见图 3-102 的小红圈内。

(a)

(b)

图 3-102　污点去除

图中天空上有两个明显的污点，这通常是更换镜头时灰尘进入相机，在感光元件上形成污渍所致。单击"污点去除"取下工具（或按 Q 键激活工具），在展开的面板上有三个滑块，分别用于调整画笔大小、羽化、不透明度。将光标移到照片上会变成双层圆圈，中心有一个小十字。内圆是画笔大小,两个圆之间是羽化区,可移动滑块进行调节。将双圈移到瑕疵上并调整大小：按左右方括号键或转动鼠标滚轮缩小或放大画笔(此时可见"大小"滑块作相应的移动)。使内圆略大于瑕疵,单击鼠标,在单击位置附近会出现另一个白色小圆圈,并有箭头指向瑕疵所在的圆,这就是 Lightroom 从周围找到的用于进行修复的源。对于平坦区域的小块瑕疵,通常会自动在附近找到合适的源,但并不是每次都能自动找到最佳匹配,有时需要人工干预。将光标移到白圈内,光标变成手掌形,见图 3-102(b)。单击鼠标左键使手掌变成拳头,白圈消失,移动到更合适的位置松开左键即可。按此方法将瑕疵一一清除。再单击一次"污点去除"工具或再按一次 Q 键可将工具放回原处。用鼠标选中一对白圈,可以按 Delete 键删除所做的某次清污操作。

　　为了无遗漏地检查照片上是否有污渍,发现污渍后立即清除,进入修改照片模块,借助位于左上部的导航器进行检查：单击主视图区,放大至 1:1 显示,将对应于主视图显示内容的方框移到导航器的左上角,见图 3-103。

图 3-103　放大到 1:1 并将导航方块移到左上角

　　检查当前区域后,按 PgDn 键使方框下移,检查新的区域。每按一次 PgDn 键,方框就下移一个方块的距离,达到底部后,再按 PgDn 键使方框移到右面一列的顶部。如此在照片上一列一列扫描,直到扫完整个画面,见图 3-104。以这种方式查看照片既不会遗漏也不会重复。

　　以上用 PgDn 键逐块检查的方法也适用于图库模块,不过为了发现瑕疵立即处理,一般是在修改照片模块使用。

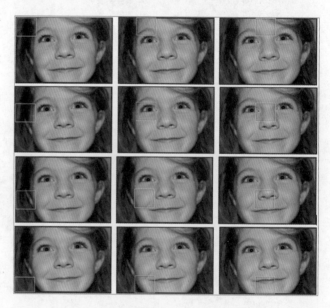

图 3-104　无遗漏无重复地检查整个画面

　　图 3-105 是用污点去除工具进行修饰的另一个例子。单击鼠标并拖动光斑,形成一个任意形状的画笔用于清除照片上的异物。放大到 1:1 的视图中显示,清除了一段枯枝。在区域较大,环境复杂的情况下常要移动光标寻找最合适的修补源。对于较大的复杂异物要重复操作多次。有时要在面板右上部选择"仿制"或"修复"(图中红圈)以取得较好效果。

图 3-105　修补较大的异形区域

3.5.5　去除红眼

相机开启了自带闪光灯，且被拍摄对象离镜头较近时，容易产生红眼，这是由于强光射到视网膜的血管上产生的。Lightroom的消除红眼工具能有效加以纠正。在修改照片模块中，单击直方图和"基本"面板之间的"红眼校正"工具，见图 3-106(a)。

将出现的工具放在右眼瞳孔中心，见图 3-106(b)。滚动滚轮调节工具大小使之覆盖红眼，单击鼠标左键，红眼就会消失，留下一个椭圆，同时在工具下面展开一个调整面板，上有两个滑块"瞳孔大小"和"变暗"，见中间的图。移动"瞳孔大小"调整红眼消除范围，调整"变暗"改变瞳孔的亮度，达到满意效果后再次单击红眼校正工具使之关闭。也可以用鼠标直接拉动椭圆四周调节大小，移动位置。

(a)

(b)

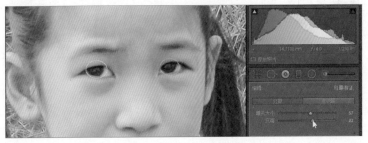

(c)

图 3-106　红眼校正

重复上述同样步骤处理另一只眼睛，见图 3-105(c)。注意：图中左面的当前选区椭圆要稍亮一些。完成后再次单击红眼校正工具，退出红眼校正。

3.5.6　通过相机校准纠正色偏

在讨论处理引擎的版本(3.1.2 节)和初始处理加载配置文件(3.2.1 节)时提到过"相机校准"面板，现在要用它来纠正与相机固有特性有关的颜色偏差。

有些相机有特定的色彩特征，例如轻微偏红，或在阴影处略微偏绿。即使没有，你也可能希望 Lightroom 以某种方式来处理某一特定相机拍摄的 RAW 照片。精确的相机校准涉及很复杂的问题，这里仅结合"相机校准"的功能作简单介绍。如果没有系统性的照片偏色问题，一般不必关心相机校准问题。

首先确定阴影部分是否存在偏绿或偏洋红的问题，例如偏绿，可将"阴影"滑块向右移动，减少绿色，增加洋红色。此外，根据阴影以外区域的偏色情况，决定是否要对红绿蓝三基色的色相和饱和度进行适当调整。例如图 3-107 的例子中调整了绿色的色相和饱和度，以及蓝色的饱和度。

图 3-107　相机校准

如果对校准结果感到满意，确定可对同一相机拍摄的照片进行同样的校准，就可以创建一个用户预设。单击左侧"预设"面板右端的"＋"号，或按快捷键 Ctrl＋Shift＋N（对于 Mac 计算机则是 Command＋Shift＋N），在弹出的对话框中键入预设名称，仅选中"处理版本"和"校准"两项，单击"创建"按钮，见图 3-108，新的预设就会出现在"用户预设"下面了。

有了用户预设，可在修改照片时轻松加载相机校准，更可以在导入照片时通过"在导入时应用"（第 2.1.2/3[①] 节）将预设功能作用于每一张照片。

图 3-108　对某一特定相机建立用户预设

---

① 编辑注："第 2.1.2/3 节"表示第 2.1.2 节的第 3 部分内容。全书统一采用这种标注方式。

3.6 照片合并

过去合成照片只能在 Photoshop 中进行，Lightroom 6/CC 可直接实现以下两种照片合成，不一定要调用 Photoshop：

> ➤ **HDR**（高动态范围，**High Dynamic Range**）合成。人眼能同时分辨高亮区和阴暗区细节层次，数码相机不行。对于大光比场景，不是高亮过曝，一片惨白，就是暗部漆黑，细节尽失。解决办法是用相机包围曝光拍摄多张（3 张或更多）照片，例如隔一档拍一张，分别捕获高光和暗部细节，后期用软件合成。要用三脚架、遥控或线控以及反光镜预升功能，确保相机不动。
> ➤ 全景（**Panorama**）拼接。无论多广的镜头也无法将宽阔的场景完全收入画面。解决的办法是水平转动相机拍摄多张照片，在后期用软件拼接。用三脚架确保相机平稳转动，效果最好。如果手持相机拍摄，必须尽量保持平稳，相邻两张照片的覆盖范围应有足够的重叠内容。但有时仍要调用 Photoshop，参看第 4.5.2 节。

3.6.1 HDR 合成

选择一组完全重合而曝光度不同的照片，从 C－2EV 到 C＋2EV 共 5 张照片（C 表示正确的曝光度，关于 EV 参看本节小贴士），见图 3-109。

图 3-109　曝光不同的一组照片

将 5 张照片全部选中，右击或选中菜单项"照片"，选择"照片合成"命令，在下拉列表框中选择"HDR..."，见图 3-110。

随即出现"HDR 合并预览"对话框，如图 3-111 所示，其中只有很少几个选项。通常选中"自动对齐"；或选择"自动调整色调"，这和"基本"面板上的自动调整色调一样，也要再进行适当调整。有时你会发现不选"自动调整色调"，完全通过手动调整更便于取得满意的效果。

尽管在拍摄过程中相机不动，景物仍可能有轻微移动（如风吹树叶），根据移动程度选择伪影消除量。选中"显示伪影消除叠加"可以看见伪影消除的作用范围。

等待片刻，窗口中会显示合并预览，见图 3-112。单击"合并"按钮等待处理，最终结果会生成一个 DNG 文件，并收入同一个收藏夹。可对 DNG 文件做进一步处理。

图 3-110　用 5 张照片进行 HDR 合成

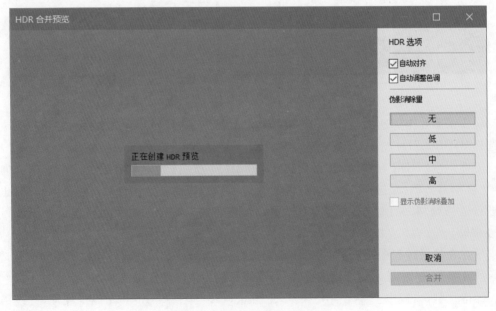

图 3-111　正在创建 HDR 预览

图 3-112 创建 HDR 预览后单击"合并"等待处理

小贴士

曝光度

照片的曝光度 EV(Exposure Value)是快门速度和光圈大小的组合效果。保持光圈不变,快门速度慢一倍(如从 1/60 秒变为 1/30 秒),则进光量增大一倍,使 EV 提高一档;若保持快门速度不变,将光圈加大一档(如从 f/8.0 变为 f/5.6),进光量同样增大一倍,因而 EV 也提高一档。

EV＝0 对应于快门速度为 1 秒,光圈设置为 f/1.0。在拍摄 HDR 素材时,为了保持景深不变,应使光圈不变,采用不同的快门速度获得不同的 EV 值。

3.6.2 全景合成

选择一组用于全景拼接的素材,如图 3-113 是手持相机拍摄的 4 张照片,相邻两张之间有足够的内容重复。

图 3-113 用于全景拼接的一组照片

同时选中该组全部照片,右击或选中菜单项"照片",选择"照片合成"命令,在下拉列表中选择"全景图…",见图 3-114。

图 3-114　选择全景图菜单项

　　图 3-115 是弹出的"全景合并预览"对话框，选中"自动选择投影"，或选择"球面""圆柱""透视"按钮，Lightroom 开始创建全景预览。

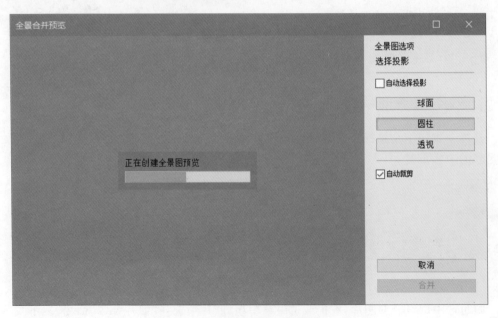

图 3-115　正在创建全景图预览

图 3-116 是生成的全景预览。可改变不同的投影选择满意的效果。选中"自动裁剪"，将外围空白部分裁去。为了多保留一些有用的图像内容也可以不裁剪，留下部分空白，完成后进入 Photoshop 进行填充，详见第 4.5.2 节。

图 3-116　创建的全景预览

单击图 3-116 中的"合并"按钮，完成全景拼接后在同一收藏夹中出现新的 DNG 文件。全景拼接结果见图 3-117。

图 3-117　完成的全景拼图

3.7　本章小结

在数字冲印中，相当一部分功能可找到胶片时代的影子，例如选用日光片或灯光片就是考虑白平衡，通过选择相纸、显影配方、温度、曝光强度、时间等因素改变照片亮度和对比度，也能影响颜色。我们已经看到，数码照片后期处理的空间之大，手段之多，在胶片时代是无法想象的。掌握本章基本内容就能解决很大一部分后期处理问题，其中调整照片全局影调的主要内容可概括如下。

初始处理

后期处理的一般流程是从基本处理开始自上而下顺序操作，适用于多数照片。工作流程不必千篇一律，在基本处理之前先做几步初始处理是值得推荐的。

➤ 可考虑加载相机配置文件作为后续处理起点，类似于相机预设风格。（3.2.1 节）

➤ 建议进行镜头校正以克服镜头造成的畸变和色差。（3.2.2 节）

➤ 建议裁去照片中无用部分并适当旋转，调整构图，以便后续处理中做出正确判断。（3.2.3 节）

基本处理

基本处理包括图像编辑最重要的功能。对于曝光、聚焦、构图正常的照片，这些处理能解决大部分乃至全部照片后期的编辑处理问题。

➤ 正确的白平衡是保证色彩正常的前提，RAW 的白平衡问题完全可在后期解决。选择适当的预设，或用白平衡选择器单击中性区，然后再微调。（3.3.1 节）

➤ 色调调整是为了得到满意的亮度和对比度，6 个滑块分别调节曝光度、对比度，以及高亮和暗部的 4 个区域。直方图是色调调整的标杆。（3.3.2 节）

➤ 偏好：对风景不妨提高清晰度至 40 或更高，人脸则要保守一些。鲜艳度可适当提高，饱和度建议不动。（3.3.3 节）

曲线和颜色

在不同亮度区间实现对比度的精细控制，对不同颜色成分的色相、饱和度、明亮度进行分别调整，Lightroom 提供增强照片冲击力，优化视觉效果的有力手段。

➤ 曲线，既能同时调整 RGB 三分量精细控制明暗各区域的层次表现，也可分别调整三基色的曲线改变照片各部分的色彩。（3.4.1 节）

➤ 分别利用 HSL 面板或颜色面板，对色相、饱和度、明亮度 3 个属性和红橙黄绿等 8 种颜色分别进行调节。（3.4.2 节）

其他

➤ 消除缺陷：几何校正、降噪、锐化、去污、消除偏色。（3.5 节）

➤ 照片合并：HDR 合成，全景拼接。（3.6 节）

第 4 章
局部修饰

04

前面的讨论大部分属于对照片全局影调和颜色进行调整，仅涉及个别的局部修饰问题，如清除污渍和纠正红眼。除了全局处理，Lightroom还提供功能强大的局部处理手段，这就大大降低了数码照片后期处理对于Photoshop的依赖程度，使Lightroom成为名副其实的数字暗房。

4.1 用调整画笔工具进行局部处理

除了对照片全局进行修饰处理之外，Lightroom 还提供强大的局部处理手段。局部处理只影响照片上的指定区域，具有很大的灵活性，能适应不同情况修饰和优化照片，或产生特殊效果。

对照片局部区域的处理通过直方图和基本面板之间的一组工具实现。基于当前处理引擎 PV2012 的 Lightroom 4 ～ 6/CC 有 6 个工具，包括裁剪叠加、污点去除、红眼校正、渐变滤镜、径向滤镜、调整画笔。污点去除和红眼校正也是局部处理，属于照片瑕疵的修正，已分别在第 3.5.4 和 3.5.5 节进行了讨论，第 3 章还讨论了裁剪叠加（第 3.2.3 节）。本章集中在画笔和两种滤镜，以及结合 Photoshop 的处理。本节首先介绍如何利用调整画笔实现局部加亮和变暗，以及改变照片的其他局部属性。

4.1.1 调整画笔工具

单击工具栏的调整画笔工具，或按 K 键，画笔会变亮，并在周围出现一圈小点，见图 4-1 红圈内。启用画笔工具后，光标移到照片上会变成两个同心圆，中间是一个带黑色加号的小白圆。单击鼠标左键使小白圆变为黑色图钉标记（Edit Pin），留在原地，用于描绘的画笔中心黑色十字变为白色，见图 4-1(b)。此时就可用画笔描绘照片，进行局部区域调整了。不管画笔描到哪里，图钉状标记都不动，它是画笔的"笔搁"。可同时定义多支画笔，例如，图中在天空、草地、马身上各有一个图钉标记，黑色表示当前正在使用的（激活的）画笔，白色的表示未激活画笔。单击白色标记可激活它，原

(a)

(b)

图 4-1　调整画笔

来激活的画笔进入休眠。

启用调整画笔工具同时会展开相应的操作面板,图 4-2(a)是完整的面板,可见能用画笔描绘的许多处理项目,其中包括"基本"面板上除"鲜艳度"以外的所有调整滑块,以及锐化等功能。

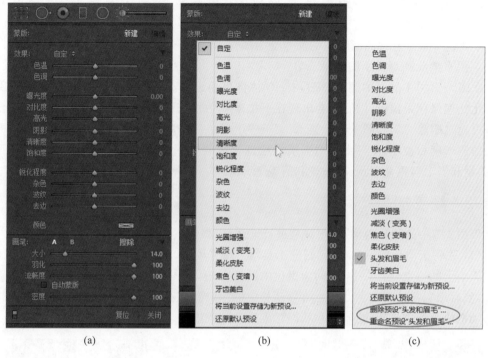

<table>
<tr><td>(a)</td><td>(b)</td><td>(c)</td></tr>
</table>

图 4-2　调整画笔的操作面板

图 4-2(b)的操作面板上,"效果"右侧有"自定"二字,单击其右面一对小三角符号可在下拉菜单中选择一个处理项目,例如"清晰度"。此时,其余滑块回到原位,效果会由"自定"变为"清晰度"。在下拉菜单中进行选择可限定一种处理,例如清晰度调整,避免多种处理同时起作用而产生混乱。如果这时移动另外的滑块,效果显示又变为"自定"。在下拉菜单下部还有 Lightroom 提供的其他专用预设处理项目如"柔化皮肤""牙齿美白"等,见图 4-2(c)。

总之,通过移动各滑块或选择预设,指定处理项目和处理程度,即可用画笔在照片上描绘,进行局部处理。双击"效果"命令可将所有滑块位置复原,参看第 3.4.1 节的"注意"。

操作面板下部有一组滑块用于定义画笔的性质。

➢ 大小:指图 4-1 中同心圆的内圆尺寸,可通过移动滑块、方括号键(左括号使圆缩小,右括号使圆放大)、滚动鼠标滚轮来调整。显然,滚轮是最方便的。

➢ 羽化:指内外圆之间的过渡区,数值越大画笔越软,边缘过渡越平缓;羽化区较小时,画笔较硬。多数情况下,软的画笔比较适用,但太软的画笔影响范围大,容易影响到不宜触及的区域。描绘狭小的区域时,除了使用小的画笔,也要适当调小羽化区,以免描绘到邻近区域。

➢ 流畅度:用画笔描绘进行某种调整时,描一次能达到预期效果的程度。若流畅度低,需多描几次才能完全达到要求的调整程度,流畅度为 100 时,描一次即达到 100%

效果。

> 密度：模仿 Photoshop 的喷枪(Airbrush)功能，但是作用不大。
> 自动蒙版：这是很有用的功能，有时希望对某一对象进行局部处理而不影响四周，启用自动蒙版就可以防止画笔效果越过边界，避免相邻区域发生不应有的改变。
> A 和 B：可定义两支画笔，例如一个大的软边画笔，一个小的硬笔，使用时单击 A、B 可灵活切换。
> 擦除：单击它使圆圈中间的加号变为减号，画笔变为擦除工具——类似于一块橡皮，用来擦除画笔描绘的效果。

在图 4-2(b)中展开的菜单下部，有一项"将当前设置存储为新预设"，用户可将常用的个性化处理保存为预设，以后就会出现在下拉菜单中供直接选用。某个预设如果不符合需要可以随时删除。例如图 4-2(c)显示，菜单中出现了一个用户预设"头发和眉毛"，用于提高毛发的清晰度和锐度，也可用于增强嘴唇纹理。在菜单下部同时也多了两个选项：删除预设"头发和眉毛"，重命名预设"头发和眉毛"。

4.1.2 局部加亮和减暗

以图 4-1 中的照片为例，利用画笔进行修饰，步骤如下：

（1）先将天空压暗一些，启用画笔工具，把"曝光度"和"高光"滑块左移到负值。用画笔单击天空上的一点，留下一个中间为黑色的图钉标记，见图 4-3。调节画笔的大小和羽化等参数，然后用它描绘天空。此时也可移动相应的"曝光度"和"高光"滑块改变调整强度，描绘和移动滑块可交替进行，直到天空状况达到满意的程度。

图 4-3 将天空压暗一些

（2）新建一个调整画笔，例如要提高草地的饱和度。单击"效果"右侧的双三角符号，在下拉菜单中选择"饱和度"，在草地上描绘，移动"饱和度"滑块观察效果。草地上的黑色图钉标记表明它是激活的当前画笔，此时描绘天空的画笔变为非激活状态，图钉标记变成了白色，见图 4-4。

图 4-4　提高草地饱和度

可定义多支画笔，数量不限，各有不同的功能。单击任何一个白色图钉标记使之变为黑色，即可将它激活。也可以按 Del 键将激活的画笔删除。

将光标移到图钉标记上可检查该画笔已经描绘的范围，被描绘区域呈现一片红色，见图 4-5 中"清晰度"调整画笔描绘的范围。这样可以发现是否有遗漏或多余的地方。

图 4-5　显示画笔描绘区域

将光标放在黑色图钉上，可移动图钉位置，相应的画笔描绘区域会随之移动①。将光标放在非当前画笔的白色图钉标记上，光标会变为手指形，单击可激活它，变成当前画笔。

———————————

①　在 Lightroom 5 中这一功能有所不同，光标移到当前图钉标记上时会变为双箭头，左右移动它能方便地改变调整强度，相应的滑块跟着左右移动。这一功能类似于 TAT，只不过 TAT 是上下移动，画笔图钉标记是左右移动。

对当前画笔可叠加任何其他处理，例如图 4-6 中，先对马提高了曝光度，为了提高马的锐度，又将"锐化程度"滑块右移到 22。

图 4-6　同时调整曝光度和锐化

若将光标移到非激活的图钉标记上，例如图中移到左下方草地上的白色图钉，稍候片刻，草地上被描绘的区域变红。由于曾经补充描绘过，红色区域比前面扩大了。

每次要调整一个新的区域，记住单击一下"新建"命令（图 4-6 红圈内），以便使后续调整仅仅作用于新的区域，否则之后所做的调整会叠加到过去描绘过的地方，造成混乱，这显然是不希望看到的。

启用"自动蒙版"，可使调整局限于照片中一个对象或一片区域之内，而不会越界影响到邻近区域，例如在本例中描绘照片中的马，尽管画笔边缘很容易进入草地，有了自动蒙版的保护，就不会将"曝光度"和"锐化程度"的调整扩大到草地，见图 4-7，右图中将光标移到图钉标记上时，红色区域为描绘范围，它仅限于马的身上。

图 4-7　启用自动蒙版后描绘区不易越界

有时候需要关闭"自动蒙版"。特别是在涂抹大片背景时，例如天空，"自动蒙版"会导致细小的树梢等有明显轮廓或颜色影调突变处阻止画笔的作用，使周围出现断断续续的区域。按 A 键可轮流启用和关闭自动蒙版，不一定要用鼠标单击。

最后再提高全局对比度，图 4-8 是处理前后的对比。

图 4-8　处理前后的比较

可以选择显示画笔图钉标记的方式：启用调整画笔后，单击主视图区左下方"显示编辑标记"右侧的双三角符号，在下拉菜单中可选"自动""总是""选定""从不"，见图4-9。若选择"自动"，当光标进入照片视图时，所有图钉标记都会显示出来，光标离开视图范围时图钉标记自动消失。"总是"则一直显示；"选定"意思是显示当前被激活的；"从不"就是一直隐藏。

图 4-9　选择显示编辑标记的方式

图 4-9 红圈中的拨动开关用于切换显示或隐藏画笔修改效果，单击它可对画笔描绘前后的情形进行比较。

按 O 键，或者选中"显示选定的蒙版叠加"，可使已显示的红色覆盖区一直保留，以便补充描绘遗漏的区域。取消选中或再按一次 O 键可取消覆盖区显示。

单击"效果"右侧的向下小三角符号使之转向左侧，见图 4-10 中红圈内，此时原来展开的面板会收起，变成一个"数量"滑块，左右移动滑块可以改变当前画笔的处理强度。

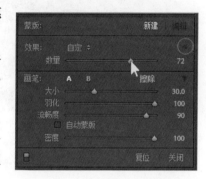

图 4-10　用一个滑块改变当前
画笔的处理强度

4.1.3　用调整画笔修饰局部区域

局部白平衡和饱和度修正

图 4-11 中人物的肤色正常，但白色裙子的颜色偏冷。若在"基本"面板中调整全局色温就会影响到肤色。单击调整画笔，将效果设置为"色温"，在裙子上描绘并调节色温滑块以达到满意的效果。

恢复阴影区层次

欲对图 4-11 中低调照片的阴影部分稍加处理，使人物头发和后面的细节层次有所

图 4-11　用调整画笔修整局部白平衡

表现。自定义调整画笔功能时，可将"阴影"滑块右移至最高，降低对比度以分清暗部层次。暗区加亮后，往往会使噪点变得明显，可将"杂色"滑块右移以降低噪点（即增强降低杂色的效果），同时适当提高清晰度和锐化程度。图中显示了处理前后的对比，可见暗部细节得到增强。

图 4-12　自定调整画笔功能增强阴影层次

4.1.4　用画笔产生特效

去除部分区域的颜色

调整画笔能用来产生特殊效果，例如有一种颇受欢迎的人像照是将人物转换成黑白，而手中的鲜花仍保持鲜艳的色彩。例如在图 4-13 中，将画笔效果设置为"饱和度"，并将饱和度数值调至－100。描绘照片上要转为黑白的大片区域时应先关闭"自动蒙版"功能，否则画笔会止于明显的颜色分界处，使进程变得困难，甚至留下一些空隙，例如红色的嘴唇和帽子边缘。在接近要保留颜色的鲜花附近时，使用较低的羽化数值以便使描绘区域更贴近一些。

在十分接近鲜花时，可另建一支新的画笔，使用小的画笔尺寸和羽化区，开启"自动蒙版"功能。描绘时放大显示尺寸，此时应注意放慢速度，避免画笔涂到鲜花上。若手中的花束和背景难以区分，可再单独设置一个画笔，启动"自动蒙版"，将背景颜色涂掉，必要时按 Alt 键（对于 Mac 计算机则是 Option 键）使画笔变为擦除工具（同心圆中间的加号变为减号），将越界涂掉的颜色恢复出来，见图 4-14 下部绿叶上。

得到处理结果后可做进一步处理，例如用污点去除工具清除左下角多余的花。然后在 HSL 面板上选择明亮度，用 TAT 将背景压暗以突出主题。背景为绿叶，由滑动条可见绿色和黄色分量被压低了。最后效果见图 4-15。

图 4-13　远离鲜花处使用较大画笔并关闭自动蒙版

图 4-14　启用自动蒙版，必要时将画笔转为橡皮

图 4-15 进一步处理得到最后结果

聚光灯效果

另一种特效是压低背景亮度，产生聚光灯效果，使观看者注意力集中于画面主体，见图 4-16。启用调整画笔，将其功能设为"曝光度"，把"曝光度"滑块左移到一个负值，关闭自动蒙版，涂抹整个照片，使画面全局变暗。压暗前后的情况见图 4-16（a）、（b）。

然后按住 Alt 键（对于 Mac 计算机则是 Option 键）使同心圆中央的加号变为减号，此时画笔变为擦除工具，用来擦除刚才在主体部分描绘的效果，见图 4-16（c）。先启用自动蒙版，缩小画笔和羽化区，以免在主体边缘区越界影响到周围的背景区。在描绘主体内部时，画笔可能被影调变化剧烈的局部区域阻挡，例如嘴唇（见图 4-16（c）的画笔所在处），以及手风琴的风箱和白色键钮等部位。为此应关闭自动蒙版，使得应擦除的范围内没有遗漏，照片主体完整地恢复原来亮度，处理效果见图 4-16（d）。可调整曝光度滑块使背景达到适当的亮度。为了避免分散注意力，建立了一支新的画笔将右侧较亮的路面再涂暗一些。

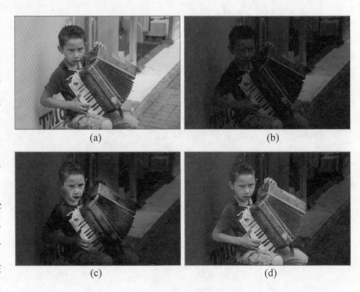

(a)   (b)

(c)   (d)

图 4-16 将背景压暗，主体保持原来亮度

4.2 渐变滤镜

在大光比环境下拍风景,例如清晨逆光拍摄,在镜头前加装中灰渐变滤片可压暗天空,同时表现高光层次和地面暗部细节。Lightroom 的渐变滤镜是模拟中灰镜透光度深浅逐渐变化效果而设计的,可达到同样目的,常用于增强蓝天和其他许多场合。Lightroom 渐变滤镜的功能大大超过中灰滤光镜片,最普通的用途的还是增强天空。

4.2.1 增强天空

单击"渐变滤镜"展开相应的工具面板,见图 4-17。和调整画笔一样,它也有一系列调整滑块,包括"基本"面板上除"鲜艳度"以外的调整滑块,还有"锐化程度"等几项功能。注意:它比调整画笔简单一些,没有如图 4-2(a)所示下半部用于定义画笔性质这一部分。单击"效果"二字右侧的一对小三角符号,也会出现与图 4-2(c)类似的下拉菜单,可在其中选择一个处理项目。可见,数码渐变滤镜的功能远远超过前期拍摄时在镜头上加装的中灰渐变滤片。

图 4-17　启用渐变滤镜

将"曝光度"滑块左移,见图 4-17 中的小红圈。具体数值可以暂时不考虑,因为后面可以根据视觉效果来调整。

按住 Shift 键,单击天空上部接近五分之一处,向下拉到接近于地面景物,松开鼠标左键。拉动过程中光标变为手形,如图 4-18 所示。画面上有三根水平线,上面的线位于单击时的高度,是渐变效果的起点;下面是松开鼠标左键处时的高度,就是滤镜效果结束的地方;中间线上有一个调整图钉标记。此时天空上部被压暗了,压暗的效果向下渐渐变弱,直到松手为止。在第一根水平线以上，滤镜效果均为最强。向下拉时按住 Shift 键是为了使渐变线保持水平或竖直，如不按住 Shift 键就可以向任意方向拉动。

图 4-18　用鼠标向下拉，定义渐变范围

可以将手形光标放在图钉标记上，上下移动渐变区域，也可以将它放在上下两根线上移动，调整渐变范围。移动滑块调节天空亮度，可同时调节饱和度等其他属性。

单击面板下方的颜色块，在弹出的调色板中用吸管选取不同的蓝天色调，见图 4-19。

图 4-19　在颜色选择器上选择合适的颜色

可创建多个渐变区。和画笔工具一样，每个渐变区中心都有一个图钉标记，当前激活的滤镜标记是黑色的，非激活的滤镜标记是白色的。选中一个渐变滤镜的图钉标记，按 Delete 键或 Backspace 键可将它删去。

图 4-20 是修改前后的比较。

又如图 4-21,希望将草地的颜色变得暖一些,从下往上拉动渐变滤镜,提高色温、对比度、阴影、清晰度。图 4-21(b)是处理后的情况,单击下部小红圈里的拨动开关可关闭渐变滤镜,观看原来的情况如图 4-21(a)所示。再次单击可切换到应用滤镜的效果。注意:大红圈内显示二者直方图的变化。

图 4-20 调整前后的比较

(a)

(b)

图 4-21 用渐变滤镜调整地面

小贴士

中灰渐变镜

中灰渐变减光镜简称渐变镜,用于控制风光摄影的大光比,解决亮部过曝,暗部欠曝问题,所谓"中灰"不是中等灰度,而是指颜色的中性,即 Neutral,不带偏色。中灰渐变镜粗略地有硬性和软性之分,如右图所示。

除了渐变特性的软硬以外,还有灰度比 1 档、2 档、3 档等的不同。渐变镜通常做成矩形,用支架安装在镜头前面,便于更换不同规格的镜片,可调节渐变过渡区的高低,还可避免产生暗角。旋转支架可以调整渐变的角度。

Lightroom 渐变滤镜可实现上述各种调整,而且远超"中灰滤镜"的性能,除曝光度外,还可调节色温、对比度、饱和度、清晰度、颜色等许多属性,所以不再限于"中灰"。如图 4-19 对颜色进行的调节,以及图 4-21 对色温、对比度、阴影、清晰度的调整。Lightroom 6/CC 的渐变滤镜还结合画笔功能,进一步加强了数码滤镜的功能,如下一小节所述。

当然,永远也不能用后期处理否定前期拍摄中采取的各种措施。正确使用性能优良的光学渐变滤镜仍是风光摄影中解决大光比问题的重要措施。

4.2.2　渐变滤镜中的画笔功能

Lightroom 6/CC 渐变滤镜中增加了"画笔"功能,见图 4-19 右上角红圈内,这是过去版本所没有的。画笔可用于修改滤镜的作用范围,例如图 4-22 中,用渐变滤镜压暗天空并加强蓝色,但希望不影响左侧建筑物和中间的白塔。

直接用渐变滤镜将天空压暗,并将色温滑块向左移动调整天空,建筑物和白塔也会受到影响,见图 4-23。其中下面的图是将光标放在图钉标记上的情况,红色区域显示渐变滤镜的作用范围,可见已经侵入建筑物和塔尖。

图 4-22　欲压暗天空并增强蓝色

单击"画笔",渐变滤镜的操作面板下面会展开新的功能,见图 4-24。与图 4-2 相比可以发现,它和调整画笔功能完全一致。

此时光标也变为两个同心圆,内圆为画笔大小,内外圆之间为羽化范围。用鼠标滚轮调节画笔大小,通过滑块调节羽化程度。圆的中心可是加号或减号,中心为加号时,用画笔涂抹可增大渐变滤镜的作用范围;中心为减号时,变为擦除工具,用它涂抹可擦除渐变滤镜效果。和调整画笔工具一样,也可以设置 A、B 两支画笔,可单击"擦除"二字将它们分别设为擦除（减号）和涂抹（加号），随时调用，单击 A 或 B 分别启用两支画笔。启用"自动蒙版"可使画笔效果不越界，如要大面积涂抹或擦除，需停用自动蒙版。

(a)

(b)

图 4-23　直接使用渐变滤镜会影响建筑物和白塔

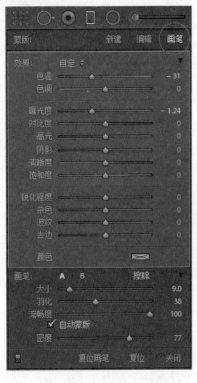

图 4-24　在渐变滤镜中启用画笔

用画笔描绘需要保护的建筑物和白塔，将建筑物和白塔上的渐变滤镜效果擦除，见图 4-25。将光标移到图钉标志上可观察用画笔修改过的渐变滤镜范围。

图 4-25　用画笔修改渐变滤镜作用范围

图 4-26 是处理后的效果，天空的白平衡调至 −31，曝光度降低至 −1.24。

图 4-26　用画笔调整的渐变滤镜效果

4.3　利用镜头校正功能产生人为暗角

　　镜头光学缺陷造成的轻微暗角令人不悦，但较大范围的柔和暗角有时却是追求的效果。图 4-27 是室内即兴抓拍的人像，拍摄时无法布置环境，墙上杂物形成干扰，可通过压暗照片四角进行弥补。人为产生暗角使观者注意力集中于主体是流行的手法。暗角可用径向滤镜产生，也可利用"镜头校正"功能产生，并通过"效果"面板增强处理效果。本节讲述镜头校正，径向滤镜的用法见 4.4 节。

图 4-27　背景杂乱的照片

墙面和墙上的日历较为抢眼。展开"镜头校正"面板,选择"手动"功能,将下面"镜头暗角"中的"数量"调到最左端,将中点左移,产生图4-28(a)的效果。展开"效果"面板,选择"高光优先"效果,移动"数量""中点""圆度"滑块取得满意的效果,见图4-28(b)。

(a)

(b)

图4-28 手动增加暗角并在"效果"面板增强处理效果

进一步用调整画笔选择"曝光度"和"高光"效果,描绘墙上和日历过亮的区域使之再变暗一些,注意关闭"自动蒙版",并适当调整画笔大小,见图4-29。

如果照片需要裁剪,应在进行上述处理之前先行裁剪再加暗角,若最后再裁剪会把生成的暗角裁掉。处理前后的比较见图4-30,混乱的背景被弱化,主体更突出了。清除贴近人物的背景杂物难以在Lightroom中实现,需要进入Photoshop,见第4.5节。

图 4-29　用调整画笔压暗局部背景

图 4-30　处理前后的比较

4.4　径向滤镜

4.4.1　用径向滤镜实现重新布光

如需要突出的主体受到环境干扰，或要改变光照效果，可用径向滤镜进行重新布光以突出主题。如图 4-31 中的照片，人物周边杂乱，如不处理则不可用。尝试用"径向滤镜"工具进行处理。

图 4-31　启动径向滤镜

　　出现的操作面板与渐变滤镜相同,只是在"颜色"下面多了一个"羽化"滑块和一个"反向蒙版"选框,见图 4-32(a)右下部红圈。用鼠标在照片上单击并移动,产生一个椭圆①,单击

(a)

(b)

图 4-32　产生并调整径向滤镜

---

① 按住 Shift 键产生圆;按住 Ctrl 键(对于 Mac 计算机则是 Command 键)同时双击照片,可产生内切椭圆。

椭圆内部将它移到适当位置，利用椭圆上下左右的小方块调整椭圆大小。将光标放在椭圆外面，当它变成弯曲双箭头时可拉动它旋转椭圆。将径向滤镜的"曝光度"滑块向左移动以降低椭圆外面的亮度，直至达到满意的程度。注意：此时没有选中"反向蒙版"，滤镜对椭圆外部起作用。

将光标放在径向滤镜的图钉标记上，光标变为手形，如图 4-32（b）所示。红色区域表示滤镜起作用的区域。

再次单击"径向滤镜"，隐去椭圆。展开"效果"面板，调整各个滑块改变滤镜效果达到满意为止，例如降低数量，提高中点和羽化量等，如图 4-33 所示。

在主体人物脸部和上身创建一个新的椭圆形径向滤镜，选中"反向蒙版"，使过滤效果从椭圆外部变成内部。右移"曝光度"滑块加亮脸部，适当调节色相和色调优化脸部颜色，见图 4-34（a）。将光标放在图钉标记上，光标变为手掌形，红色表示滤镜起作用的区域，如图 4-34（b）所示。

图 4-33　调节"效果"面板

（a）

（b）

图 4-34　建立第二个径向滤镜加亮人物脸部

4.4.2　径向滤镜的画笔功能

和渐变滤镜一样,Lighroom 6/CC 的径向滤镜也有画笔功能,这也是以往版本所没有的。画笔用于调整径向滤镜的作用范围。

现在利用径向滤镜的画笔对上一节的处理结果做进一步修饰。由图 4-32 可见第一个径向滤镜的作用范围。椭圆外部被压暗,但人物后面位于椭圆内的局部区域压暗的程度不足,还是比较亮,右手边上还有较亮的杂物干扰。由于羽化特性,滤镜的作用侵入椭圆内,头发上部和下面的衣服反而被压暗了。

单击第一个径向滤镜的图钉标记将它激活,单击滤镜的操作面板右上角"画笔"二字,光标变为两个同心圆,内圆为画笔大小,内外圆之间为羽化范围,见图 4-35。用鼠标滚轮调节画笔大小,通过滑块调节羽化程度。圆的中心可以是加号或减号,为加号时,用画笔涂抹径向滤镜圈内,增加压暗范围;为减号时变为擦除工具,用它涂抹照片擦除部分滤镜效果。

图 4-35　利用径向滤镜压暗椭圆内局部区域

和常规画笔工具一样,也可以设置 A、B 两支画笔,单击"擦除"二字将它们分别设为擦除(减号)和涂抹(加号),随时调用。单击 A 或 B 分别启用两支画笔。

选中"自动蒙版"可避免画笔效果越界,如要大面积涂抹或擦除则需停用自动蒙版。降低"流畅度",分几次描绘椭圆内部需要进一步压暗的区域,直至满意。

现在用中心是加号的画笔描绘人物后面和右手边上的杂物,使它们变暗一些。注意使用适当的画笔大小和羽化范围,不要造成生硬的边界。

然后按住 Alt 键(对于 Mac 计算机则是 Option 键),或者单击"擦除"二字(见图 4-36(a)中红圈),使画笔中心变为减号,用于擦除侵入椭圆内头发、衣服、左手上的滤镜效果,使之恢复原来亮度。将光标放在图钉标记上观察滤镜的作用范围,见图 4-36(b),对比图 4-32 可看出画笔的作用。图 4-37 是处理前后的对比,可见原来环境里的杂乱干扰被压暗,突出了被摄人物。

(a)

(b)

图 4-36　用画笔进一步修正径向滤镜效果

图 4-37　径向滤镜处理前后对比

小贴士

几种不同的蒙版

用 Photoshop 处理照片的有力手段是图层(Layer)和蒙版(Mask),蒙版的作用是控制图层对下层起作用的区域和程度,这里不赘述。

Lightroom 有下列三种蒙版,它们的含义和作用与 Photoshop 中的不同。

(1)细节面板上保护平滑区域不受锐化影响的蒙版。

在"细节"面板上,锐化单元最下面有一个滑块是蒙版,用于保护平滑区域不被锐化。例如对于人像,在提高眼睛、眉毛、嘴唇、头发锐度的同时会使本来平滑的面部变得粗糙。应用蒙版,将滑块移向右侧,可保持脸部柔滑不被锐化。参看第 3.5.3 节。

(2)调整画笔的自动蒙版。

用调整画笔描绘照片局部时,容易越过界限影响邻近区域。为了保护邻域不受画笔影响,可启用自动蒙版,使描绘范围限于指定对象。在进行大面积描绘时,要使画笔流畅不被亮度颜色起伏处阻挡,需要关闭自动蒙版。参看第 4.1 节。

Lightroom 6/CC 的渐变滤镜和径向滤镜均有画笔功能,用画笔时也可启用自动蒙版来保护不应触及的区域。参看第 4.1.3 节和 4.4.2 节。

(3)径向滤镜的反向蒙版。

径向滤镜是一个椭圆形滤镜,其作用范围在椭圆外部还是内部由反向蒙版来控制。在默认状态下,反向蒙版不被选中,滤镜对椭圆外部起作用。如果选中蒙版,作用区域变为椭圆内部。参看第 4.4.1 节。

4.5 调用 Photoshop

我们看到,Lightroom 不仅能对照片进行全局处理,还具有功能强大的局部处理手段,使得照片编辑修饰的大部分(粗略地估计,百分之九十以上)工作可在 Lightroom 环境下完成。尽管如此,仍有不少处理要靠 Photoshop。涉及图层蒙版的工作(如抠图、叠加、混合等),各种滤镜和特效,高级人像加工,添加文字或水印等都要靠 Photoshop,更不用说艺术制作了。Lightroom 6/CC 可进行 HDR 和全景合成,不过有时还要用到 Photoshop,本节将给出一个例子。

4.5.1 方法

在第 1.3.4 节提到,若事先已安装了 Photoshop(例如 CS6),在"外部编辑"面板中会显示以它为默认的外部编辑器,因此调用外部程序时就会启动 CS6。根据默认设置,此时 Lightroom 生成一个 TIFF 副本(也可在首选项设置时改为 PSD 文件,PSD 的优点是尺寸较小,但不是通用标准,不推荐),嵌入彩色配置文件 ProPhoto RGB,将位深度设为 16 位,分辨率设为 240ppi。

如果要调用 Photoshop,单击菜单项"照片",或右击当前照片(胶片带中的缩览图、图库模块的网格视图或放大视图、修改照片模块中的视图),从菜单中选择"在应用程序中编辑",在列表框中选择"在 Adobe Photoshop CS6 中编辑",如图 4-38 所示,或者用快捷键 Ctrl+E(对于 Mac 计算机则是 Command+E)。

图 4-38　右击照片选择菜单项

如果是 RAW 格式,Lightroom 会直接启动 Photoshop,并发送一个副本。此时你会看到如图 4-39 所示"读取 Camera Raw 格式"进程,随后包含 Lightroom 处理效果的照片就显示在 Photoshop 中了。如果你的 Photoshop 插件 Camera Raw 版本低于 Lightroom 的相应版本,会出现有关版本的警告,你需要升级 Camera Raw 实现版本匹配,也可以暂时不理会它,但建议升级。

在 Photoshop 中处理完毕后,打开"文件"菜单,选择"存储"命令或按快捷键 Ctrl+S(对于 Mac 计算机则是 Command+S),关闭 Photoshop 窗口,回到 Lightroom 后会发现胶片带中在原照片旁边多了一张 Photoshop 返

图 4-39　Photoshop 正在读取 Lightroom 发送的 RAW 副本

回的 TIFF 照片，比较图 4-40 和图 4-38。如果你设置了 16 位处理和 ProPhoto RGB 色彩空间，拍摄 RAW 就保证了在 Lightroom 和 Photoshop 中都能达到可能的最佳处理效果。

图 4-40　从 Photoshop 返回时多了一个 TIFF 文件

如果原片是 JPEG 或 TIFF 格式，会弹出如图 4-41 所示的对话框。你可做以下 3 种选择：

（1）编辑含 Lightroom 调整的副本：将 Lightroom 处理过的当前版本送到 Photoshop 做进一步处理，这是推荐的常用选择。

（2）编辑副本：将未经 Lightroom 处理的一个副本送到 Photoshop CS6 处理。如果是过去从 Photoshop 返回的 TIFF，再次在 Photoshop 处理后返回，会生成一个新的 TIFF 文件。

（3）编辑原始文件：你感到 Photoshop 所做的处理还不够满意，要把经 Photoshop 处理的 TIFF 送回 Photoshop 继续处理。从 Photoshop 返回时并不生成新的 TIFF 文件，而是覆盖刚才的 TIFF。

图 4-41　调用 Photoshop 时的 3 种选择

如果在第二次调用 Photoshop 选择"编辑原始文件"之前，在 Lightroom 中做了调整，例如转换为黑白，第二次进入 Photoshop 时就会忽略黑白转换，你在 Photoshop 中仍对上次返回的彩色照片进行处理。返回后系统会要你做出选择，见图 4-42 中箭头所指带惊叹号的标记。单击它会出现图中的对话框，你需要决定是从磁盘导入元数据设置（得到彩色照片，是两次 Photoshop 处理的结果，此前的黑白转换失效），还是使用目录中的数据覆盖设置（得到黑白照片，是黑白转换和再次 Photoshop 处理的叠加，如图中情况）。

图 4-42　在 Photoshop 中编辑原始文件返回后

如果在 Photoshop 存盘前，将所有的图层合并，你将失去添加的图层，以后不可恢复。如果不合并，则保留带图层的 TIFF，尽管在 Lightroom 中不能对图层进行操作，但在下一次将它送回 Photoshop 时选择"编辑原始文件"，则可连同图层一起在 Photoshop 中打开，继续编辑，但这样会忽略上次 Photoshop 编辑存盘后在 Lightroom 中所做的修改。

> **注意**　带图层的 TIFF 或 PDF 文件相当大，有时可达到数百兆字节。从节省磁盘空间的角度，要慎重考虑保留图层的必要性。

4.5.2　实例

旋转后利用内容识别功能填充空白

图 4-43 是需要导入 Photoshop 的一个实例，照片里中间的塔向左倾斜。用 Lightroom 的"裁剪叠加"工具旋转不可避免地会裁掉左侧屋顶的尖角，无法得到完整的建筑物，如图 4-44 所示，这是因为 Lightroom 不允许越出原照片的范围。

进入 Photoshop，用裁剪工具旋转，使中间的塔垂直，然后将图像外框拉出画面以外，保留屋顶尖角和照片中的其他重要内容，见图 4-45。

图 4-43 中间的塔倾斜

图 4-44 旋转后会缺少重要内容

　　用 Photoshop 的魔棒工具单击空白部分，注意选择"添加到选取"模式，用魔棒依次单击空白处，同时将 4 个三角形空白区选中。在"选择"菜单中选择"修改"命令，单击其中的"扩展"命令，将选区扩展 3 个像素，使之进入图像内容的内部。如不扩展，填充空白后会在接缝处出现不连续的痕迹。

图 4-45 在 Photoshop 中旋转，填充超越原图像的空白

　　打开"编辑"菜单，选择"填充"命令，在弹出的对话框中选择"内容识别"，单击"确定"按钮，对话框见图 4-45。Photoshop 会根据周边图像内容填补照片四角的空白区。在"选择"菜单下单击"取消选择"，得到旋转并修补好的照片，见图 4-46。打开"文件"菜单，选择"存储"命令，返回 Lightroom 可看到增加了一个 TIFF 格式照片，实现了充分利用原照片有效内容，保持主要建筑物完整的旋转。

实现困难的照片拼接

　　过去必须进入 Photoshop 才能进行照片合成。Lightroom

图 4-46 处理结果

6/CC 具有直接进行全景拼接的功能。尽管如此，Lightroom 6/CC 对图像素材的要求较高，不满足条件时拼接会失败。在这种情况下，有时仍可像过去的版本那样通过 Photoshop 进

行合成,见图 4-47。另外,即使可用 Lightroom 6/CC 直接拼接。两种方法得到的结果并不完全相同,可以在二者之间选择较好的结果。

无论采用哪种方法拼接,都要求相邻两张照片素材有足够多的内容重复,但有时难以做到。下面是一个极端的例子。站在上海陆家嘴圆环形高架步道下看东方明珠电视塔,在近距离用广角镜头拍摄无法收入全景,只得分成两幅。近距离仰拍,几何畸变十分夸张,如图 4-48 所示,左右两张的衔接处向两侧倾倒,完全无法配准。

利用 Photoshop 先将两张照片中的电视塔校正至垂直。在 Photoshop 中右击"裁剪工具",在出现的菜单中选择"透视裁剪工具",见图 4-49。

用鼠标选取全图,将网格的右(左)上角向左(右)上方向拉,使垂直网格线与东方明珠电视塔尽可能平行,水平线尽量与两个球体相适应,如图 4-50 所示。如果仅在垂直方向达到平行而不注意水平方向的配合,会使电视塔的两个球体歪斜,后续无法正常拼接。

图 4-47　调用 Photoshop 进行全景拼接

图 4-48　用广角镜头近距离仰拍的两张照片

图 4-49　Photoshop 的透视裁剪工具

图 4-50　用 Photoshop 的透视裁剪工具校正照片

双击网格线,得到图 4-51 的两张照片,可见电视塔大体上变成垂直,但仍有误差。透视校正使得另一侧产生了更大的畸变,建筑物变"胖"了。为适当压缩照片外侧,在 Photoshop 中单击"图像"菜单中的"复制"命令,制作一份副本,用剪裁工具剪下变宽的外侧局部,将它添加到原图像上,并对齐,成为一个图层,利用"编辑"菜单的"自由变换"命令使它变窄,如图 4-51 中红色箭头所指。

图 4-51　Photoshop 的校正效果

双击变窄的图层,裁掉外围多余部分,合并两个图层。用基于内容的填充功能将天空缺失部分补满,得到如图 4-52 所示的两幅拼接素材。在 Photoshop 中单击"文件"菜单中的"存储"命令,返回 Lightroom。

图 4-52　经过处理的拼接素材

用图 4-52 的两幅图像直接在 Lightroom 6/CC 中拼接仍然失败,于是按照如图 4-47 所示方法,通过 Photoshop 中的 Photomerge 插件完成拼接,并在照片上添加文字,存储返回 Lightroom,得到如图 4-53 所示的全景图,完成了似乎不可能的任务。

图 4-53　完成拼接

对于仅有轻微畸变的图像素材，可在 Lightroom 中先进行镜头校正和裁剪，如重叠部分相似度较高，可直接拼接，或调用 Photoshop 完成拼接，无需使用 Photoshop 的透视裁剪工具。这样可以避免对每张素材生成额外的 TIFF 文件。

小贴士

Photoshop 图层

图层是 Photoshop 的核心技术之一。图层有两类：填充图层和调整图层。

➤ 填充图层又分为纯色、渐变、图像3种。图像图层可用于几幅图像的拼接，例如图4-51中，将原图像的局部作为新的图层，对它进行处理（变窄）后再与它下层的原始图像合并。也可利用图层将几幅完全不同的图像进行拼合。

➤ 调整图层可理解为对它以下各层图像和有关处理信息进行调整的某种指令，例如，对色阶、亮度/对比度、饱和度的调整等。

强烈建议在 Photoshop 处理中使用图层，使用图层的优点如下：

➤ 基于图层的处理不改变像素，原始图像数据不会受损，而且没有累积误差。

➤ 快速检查处理效果：单击左侧"眼睛"目标，使处理生效和失效，观察处理前后差异。

➤ 可在任何阶段改变任意一项处理。

➤ 可改变图层的不透明度以调节处理程度。

➤ 可利用蒙版调节照片中不同局部的处理程度。

几个图层一旦合并起来，处理就变成"有损"的了，存盘后将不能重新分离，处理将不可撤销。如果准备以后再做进一步处理，就得保留图层，存为 TIFF 或 PSD 格式。带图层的 TIFF 和 PSD 文件相当大。JPEG 不支持图层。

与第一类图层（填充图层）有关的 Photoshop 功能是 Lightroom 所不具备的。第二类图层的功能大多数都能在 Lightroom 中实现，但实现的方法不同。Lightroom 通过在目录（数据库）中记录处理指令的方式实现对照片的无损修改，而不是通过保留图层。

当然，还有很多 Photoshop 功能是 Lightroom 所不具备的。两者定位不同、分工不同、互为补充、不可取代。

4.6 处理实例

本节利用第3、4两章学习的方法，以一组有代表性的实例说明如何在 Lightroom 中处理照片，其中有的只需简单几步，有的则要复杂一些，要用到更多的手段。我们将限于在

Lightroom 中解决问题。需要说明，本节给出的都是拍摄 RAW 的例子，如果拍摄 JPEG，仍可按同样原则处理，但如果调整幅度较大，就可能无法得到满意的效果。

4.6.1　良好光线条件下拍摄的照片

风景

在光线良好的条件下拍摄照片，只要相机设置正确，后期处理往往很省事。例如图 4-54 中的这张，我们只做了以下几步简单的处理：在"镜头校正"面板启用镜头配置文件，消除色差；在"基本"面板里，提高清晰度至 45，提高鲜艳度至 60，略微提高曝光度和反差，降低黑色色阶。处理前后的比较见图 4-55。

图 4-54　曝光良好的照片

图 4-55　处理前后的比较图

图 4-56 的情况类似,但曝光略欠。启用镜头配置文件,消除色差；提高清晰度至 45,提高鲜艳度至＋60。提高曝光度至＋0.56,提高对比度至＋20。略微降低高光和白色色阶以消除提高曝光度时造成的个别高亮光点。展开"色调曲线"面板,将蓝色曲线调为 S 形,压低暗部蓝色成分使绿叶的色调变暖一些,提高蓝色成分的高亮部分使天空更蓝,效果见图 4-57。

图 4-56　曝光稍欠

图 4-57　提高曝光度,调整蓝色曲线的效果

人像

图 4-58 中这张是曝光正常的人像照,由直方图可见,像素的亮度分布均衡,对比度足够,并且没有欠曝和过曝现象。对这种照片也是简单几步即可完成处理。为了提高冲击力,略微提高亮度至＋0.2,提高对比度至＋5,提高清晰度和鲜艳度分别至＋26 和＋54。然后稍作旋转,见图 4-59。

图 4-58 曝光正常的人像照

图 4-59 适当加亮,提高清晰度和鲜艳度,旋转裁剪

再利用调整画笔对面部稍加修饰,包括使用"柔化皮肤"和"美白牙齿"预设使脸部更平滑,使牙齿和眼白部分变得更洁白,轻微提高眼珠的亮度和清晰度,提高睫毛、头发、嘴唇的清晰度和对比度。详情参看第 4.6.6 节。图 4-60 是处理结果。

图 4-60 处理结果

图 4-61 放大显示了脸部处理前后的比较。

图 4-61   处理前后对比

4.6.2   曝光和对比度不足的照片

图 4-62 摄于雪后晴天，曝光不足，反差过低，整个画面灰蒙蒙，不清晰。同样地，先在"镜头校正"面板启用镜头配置文件，消除色差；提高清晰度至 45，提高鲜艳度至 60。这几步适用于大多数照片，导入一批风景照后可先处理一张，然后同步到每一张，以后对个别照片可进一步调整。对于特写人像，要慎用提高清晰度[①]。

图 4-62   雪后晴天，照片对比度不足

近处地面肮脏的残雪破坏了景观。裁剪照片，排除多余而且难看的前景，以及右侧过多的树叶，改为宽幅构图，使视野更显开阔。提高曝光度和对比度，提高阴影，降低黑色色阶，见图 4-63。

---

①   对于同样的初始处理，可按后面 5.2.2 节所述方法创建一个"用户预设"，例如命名为"初始处理"，包括启用镜头配置文件，消除色差，提高清晰度至 45，提高鲜艳度至 60 这 4 步操作。为使人像面部柔滑，清晰度不要这么高，可设范围为 20～25，再创建另一个用户预设"人像初始处理"。若在导入时应用此预设，就可免去对每张照片进行这同样的 4 步操作，简化后期处理过程。本节对每个实例仍重复叙述这几步。

图 4-63　裁剪并调整色调

调整曲线,将蓝色曲线调成 S 形,使地面的色调暖一些,天空更加清澈。同时在 HSL 面板上适当提高蓝色和黄色饱和度,降低蓝色明亮度,可加强效果,见图 4-64。

图 4-64　调整曲线和 HSL

现在要用调整画笔修饰右下角残留的黑雪,单击照片放大为 1∶1 显示。将画笔设置为提高曝光度,降低对比度,降低清晰度和饱和度,选中自动蒙版,涂抹黑色的残雪。将光标放在图钉标记上,红色区域显示了涂抹的范围,如图 4-65 所示。调整完毕,图 4-66 是修改前后的比较。

图 4-65　用调整画笔修饰黑雪

图 4-66　处理前后

4.6.3　颜色调整

　　图 4-67 是黄昏时在行驶的火车上拍摄的，夕阳、云彩、建筑物、水中倒影，色彩很丰富。但车窗玻璃对光的吸收特性异常，造成严重的偏色。

图 4-67　色彩异常的照片

　　首先启用镜头配置文件，消除色差；提高清晰度至 45，提高鲜艳度至 60。逆时针旋转校正轻微的倾斜，提高对比度和阴影，降低黑色色阶，见图 4-68。

图 4-68　旋转，提高对比度

接下来调整颜色。为了纠正画面整体色调偏暖的倾向,将色温调低(向蓝色方向),再用渐变滤镜将天空压暗并进一步调低色温,用第二个渐变滤镜将下半部调得暖一些。在 HSL 面板上提高橙色饱和度,降低橙色明亮度。图 4-69 中将光标放在当前的渐变滤镜的图钉标记上成为手形,红色部分显示了滤镜的作用范围。

图 4-69　通过色温、渐变滤镜、HSL 面板调整颜色

对此类风景照颜色的调整有较大的自由度,可以根据自己的偏好进行不同的处理。图 4-70 是处理前后的对比,为了说明 Lightroom 的处理能力,这里对颜色的表现略为夸张。照片右上角有玻璃反光痕迹,拍摄时如用偏振镜可消除大部分反光,后期则可进入 Photoshop 做进一步处理,同时抹掉天上的电线。

图 4-70　处理前后

4.6.4　提取暗部层次

大光比风景照

第 3.6 节提到,数码相机无法像人眼一样同时分辨亮度相差很大的高亮区和阴暗区细节层次。对于大光比场景,可用三脚架拍摄不同曝光度的几张照片进行 HDR 合成。但对于图 4-71 中的这张照片,因现场条件所限,只能手持相机,对一张照片进行处理。拍摄时为了充分反映天上的云层,曝光还欠了一档,使暗处近乎漆黑。

图 4-71　暗部层次缺乏

　　与之前的操作类似：启用镜头配置文件，消除色差；在"基本"面板里，提高清晰度至45，提高鲜艳度至 60。仅这几步就可见照片视觉质量有明显改善。在"基本"面板上大幅度将"阴影"提高到＋80，使暗部层次显现出来。然后在"镜头校正"面板的手动选项卡进行垂直校正（以建筑物为准，将"垂直"调至－10），并进行适当裁剪，见图 4-72。照片暗部加亮后，噪点通常会变得明显，可在"细节"面板调整以降低杂色，参看第 3.5.2 节。

图 4-72　较大幅度提高阴影

　　由于照片偏暗，进一步提高曝光度至＋1.15，降低高光和白色色阶。提高曝光度和阴影常使对比度降低，故适当提高对比度，见图 4-73。

　　用渐变滤镜将天空压暗，并降低色温至－18，再用另一个渐变滤镜将地面压暗并提高色温，可使画面更具戏剧性。将光标放在渐变滤镜的图钉标志上可见作用范围，见图 4-74。

　　现在利用 HSL 面板调整颜色。提高红、橙、黄的饱和度，适当降低橙色明亮度，突出黄昏时天空漂亮的颜色，处理效果见图 4-75。

图 4-73　提高曝光度和对比度

图 4-74　用渐变滤镜压暗天空和地面并适当调整色温

图 4-75　提高橙色饱和度突出天空色彩

逆光人物抓拍

在都市摩天大楼观景台上，女孩在母亲的注视下背对窗外举起平板电脑自拍，来不及调整相机设置，瞬间抓拍的照片见图 4-76。在逆光条件下，窗外面的光线很亮，人物脸部无法看清。如果没有窗框，干脆处理成剪影也不错，但现在这张不适合剪影。

图 4-76　逆光抓拍

提高清晰度至 20，提高鲜艳度至 60。展开镜头校正面板，启用镜头配置文件，消除色差。进入"手动"选项卡，选择"锁定剪裁"，垂直调至＋7，旋转＋0.5，将窗框调正。用"裁剪叠加"工具将上部过多的天空裁去，见图 4-77。

图 4-77　几何校正和裁剪

展开"基本"面板,提高阴影至+65,提高曝光度、高光和白色色阶。在 HSL 面板上,提高蓝色饱和度至+50,降低蓝色明亮度至-40,使窗外的天更蓝,见图 4-78。

图 4-78 提高人物亮度,增强天空蓝色

将蓝色曲线压低一些,抵消肤色和室内暗部过度的冷色调,见图 4-79。

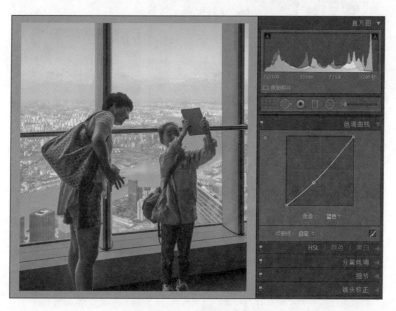

图 4-79 抵消一些室内的冷色调

启用调整画笔,设置为提高曝光度至 0.41,降低清晰度至-31。用另一个画笔描绘头发,提高清晰度至 74,提高锐化程度至 31,提高曝光度至 0.47。调整的目的是提高人物亮度,改善皮肤平滑度,提高头发细节的清晰度,调整画笔见图 4-80。关于人像的调整,详见第 4.6.6 节。

图 4-80　用调整画笔加亮人物

　　展开"细节"面板，将"减少杂色"工具提高至 53 以降低噪点，同时提高锐化并将蒙版的数值提高到 74。蒙版的情况见图 4-81(b)，黑色部分是受蒙版保护的区域，不会因锐化而增强噪点。图 4-82 是处理前后的比较，可见经过处理，逆光人物的表情和身上细节得到了良好的表现，同时兼顾了窗外景色。

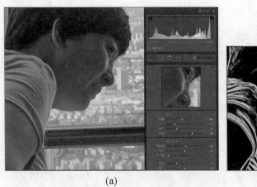

(a)　　　　　　　　　　　　　　　(b)

图 4-81　锐化和降噪

图 4-82　处理前后

4.6.5 对过曝照片的处理

过曝是数码摄影的大忌。严重的过曝表现为直方图右端出现细而高的尖峰,右上角的小三角符号变为白色,照片中有大量像素超过亮度极限,相应区域的细节全部丢失,这种情况通常难以纠正。图 4-83 中的照片轻微过曝,高亮的白雪缺乏层次,过曝不算严重,可尝试挽救。在第 1.2 节讲过,如果拍摄 JPEG,过曝造成的细节损失无法挽回,但如果拍摄 RAW,在一定限度内还有希望。

图 4-83　过曝的照片

对于这个例子,首先也是提高清晰度和鲜艳度,启用镜头配置文件,消除色差。然后要做的首先是降低曝光度、高光、白色色阶,并降低黑色色阶,见图 4-84。由图可见,直方图变得正常了,并不存在细而高的尖峰(可比较图 4-83),雪地的起伏层次和正在飘落的雪花都清晰可见。

图 4-84　降低曝光度和高光、白色色阶,呈现雪地层次

在 HSL 面板中分别提高洋红和红色的饱和度至 45 和 13，使门的颜色更鲜艳一些。对照片上半部应用渐变滤镜，设置为提高对比度和清晰度至 60，使梅花、树枝、飘落的雪花、屋檐垂下的冰凌更加清晰，见图 4-85。

图 4-85　用渐变滤镜提高局部清晰度

处理前后的比较见图 4-86。图 4-87 放大了局部区域，可见地面积雪的层次得到了较好的表现，整体对比度和清晰度有明显改善。

图 4-86　处理前后

图 4-87　处理前后局部放大

4.6.6　人像修饰

Lightroom 可直接对人像照片进行高效而精细的修饰。本节以两个实例说明，无论是色调调整、还是柔化皮肤，使用 Lightroom 都十分方便，大多数情况不需要求助于 Photoshop。

室内人像的脸部修饰

图 4-88 是室内拍摄的 RAW 格式照片，这里已进行了裁剪。

图 4-88　待处理的人像照片

启用镜头配置文件，消除色差后，先进行相机校准（参看第 3.2.1 节）。展开相机校准面板，尝试加载几种配置文件，Camera Portrait 的效果最佳，故加载它，见图 4-89，皮肤显得光洁一些了，从这里开始进行修饰。在配置文件 Camera Portrait 中考虑了肤色因素，也可在相机校准面板里调节阴影色调和红绿蓝三色的色相和饱和度，本例中保持不变，将在最后微调肤色。

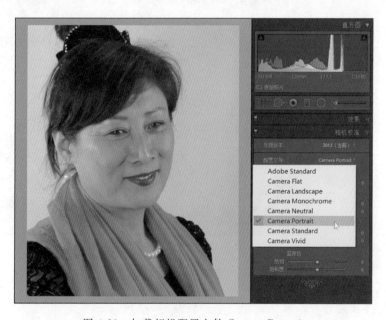

图 4-89　加载相机配置文件 Camera Portrait

根据直方图,照片整体偏暗,提高曝光度至+0.45,不要太亮,以视觉效果为准。放大至1:1显示,用污点去除工具仔细消除脸部的细小瑕疵,见图4-90。

接着是人脸修饰的重头戏磨皮。用Lightroom进行磨皮操作很简单,就是使用调整画笔,选择预设"柔化皮肤",用来描绘脸部和颈部。由图4-91可见,柔化皮肤预设就是将清晰度(局部起伏程度)调低,并适当提高锐化。磨皮要适可而止,不宜过度。某些流行的婚纱摄影风格是将脸部所有细纹层次清除干净,当然这也是一种流派。不过我们主张自然得体,要正确表现人物气质,有时可能还会根据具体情况将画笔过低的清晰度适当调高一些。注意:此时应开启"自动蒙版"以保护不应平滑的区域如眼睛、头发。在人像修饰开始时,并未提高清晰度和鲜艳度,相反地,在这里为了提高脸部的平滑程度,还降低了脸部的清晰度。当然,磨皮也可调用Photoshop,或者使用性能更好的专用磨皮软件。不过Lightroom的柔化皮肤已能满足大部分要求,而且操作十分便利。

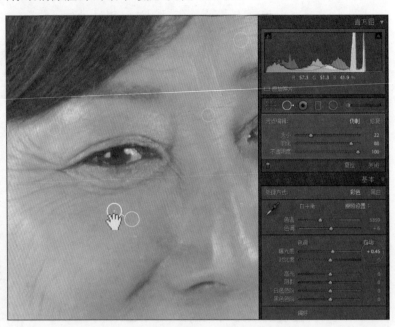

图4-90　提高曝光度,消除细小瑕疵

图4-91　柔化皮肤

下一步是美化牙齿和眼白。重新启用调整画笔,打开"新建"菜单,选择"效果"命令,使刚才设置的画笔功能复原。在预设中选择"牙齿美白",由图4-92可见,此时饱和度降低至

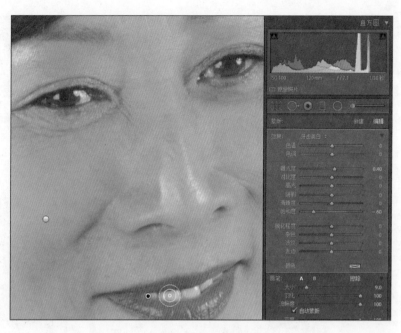

—60，曝光度提高至0.40。将显示的照片放大到1∶1，调小画笔，启用自动蒙版，在牙齿上描绘。眼白也可以用它修饰，以提高白度，消除细微的血管。图 4-92 所示的两个画笔的图钉标识中，脸上的柔化皮肤画笔当前没有激活，正在起作用的是"牙齿美白"画笔。

图 4-92　牙齿美白

现在再提高眼睛、眉毛、嘴唇、头发清晰度。再次打开画笔面板中的"新建"菜单，选择"效果"命令，以复原画笔设置。用来刷头发的画笔设置见图 4-93，提高清晰度至 47，提高锐化程度至 40。眉毛、眼圈、嘴唇均采用类似的画笔，只是清晰度和锐化提高的程度较小，可根据实际效果调节。描绘眼珠的画笔设置为提高阴影至 13，使瞳孔和虹膜更加清晰。图中描绘眉毛和眼珠的画笔处于未激活状态，见图 4-93 中两个白色图钉标记。

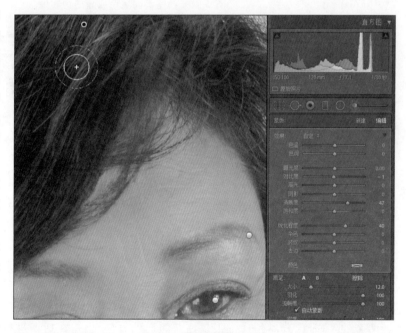

图 4-93　提高头发清晰度

还可用画笔将脸部不同区域加亮或压暗以调整光照效果，再次适当提高曝光度使脸部和背景整体变亮一些。在 HSL 面板上调整饱和度以改善肤色：提高红色、橙色、洋红的饱和度，降低黄色饱和度。橙色围巾显得过于鲜艳，有些抢眼，与浅色背景也不够协调，但调整全局橙色会影响肤色，故使用调整画笔工具降低围巾饱和度（启用自动蒙版），使画面更谐和，处理结果见图 4-94。图 4-95 和图 4-96 是处理前后的比较，差异显著。

图 4-94　调整不同颜色成分的饱和度

图 4-95　处理前后　　　　　　　　　　图 4-96　处理前后放大图

抓拍人像的画面清理和人脸修饰

在公园亭子里休息时抓拍到对面儿童的特写，见图 4-97。由于距离较远，将镜头焦距调至 340mm，用独脚架支撑相机以减少机振。被摄儿童快速变换姿态和表情，并且始终靠近两旁的人，难以分离。这一张是捕获的最佳时刻，仍需在后期进行清理，重新构图。

这次不加载相机配置文件，而是直接进行色调调整。提高鲜艳度至＋60，启用镜头配置文件校正和消除色差，随即调整构图，排除干扰。首先将照片裁剪为 5∶4 规格并旋转，直接裁去左侧多余的袖子，见图 4-98。

下一步是借用污点去除工具清除照片右侧面积较大的手臂。这里我们可看到 Lightroom 清除大面积杂物、排除干扰的能力超过预期。只要周围没有太复杂的情况，能够找到合适的区域用于修补，就不必求于 Photoshop。

图 4-97 抓拍人像

图 4-98 旋转裁剪

　　用污点去除工具清除小的异物见图 3-105 的例子。本例干扰范围大,需要分块清除。第一步先解决右侧上部较窄的一半,见图 4-99。先设定一个较大的工具,单击并向下拖动,使画笔内圆覆盖需要清除的部分区域。松开鼠标左键,Lightroom 会在附近找到一个用于覆盖目标区的修补源,其大小形状和目标区相同,但很可能处于不合适的位置,需要移动。用鼠标单击图像修补源,光标变为拳头状,抓住它在照片上移动以获得满意的修补效果。为进行精确调节,可放大显示照片:暂时释放污点去除工具,单击照片放大到 1:1,再重新启用工具。可通过键盘上的方向键精细地移动图像修补源以达到最佳位置。图中红色箭头表示图像修补源和被修补目标区的关系。

　　污点去除工具要有一定的羽化区,羽化区太小会形成生硬的修补痕迹,羽化区太大则占用图像范围大,可能影响到相邻的有用内容。本例中,羽化程度是 68,在工具激活状态下尝试移动滑块改变羽化区大小，观察效果以达到最佳状态。这里需要将干扰物完全覆盖，故将不透明度滑块保持为 100。降低透明度可实现不完全覆盖，在某些情况下有用。

图 4-99　用污点去除工具排除不需要的对象

　　第二步，设置另一个足够大的工具，单击尚未被修补的部分。用同样方法仔细移动图像修补源，达到满意的修补结果，见图 4-100。图中红色箭头从修补源指向被覆盖区。你会发现，无法将图钉标记置于已被第一支画笔占据的区域（包括羽化区），所以在第一次运用画笔时就要考虑到给下一次修补留出下笔的位置。有时下笔位置也可能不完全准确，可单击被修补的区域，使之变为当前可移动区域，仔细调节其位置。至此，我们完成了重新构图和画面清理。

图 4-100　完全清除了画面中不需要的内容

儿童皮肤细嫩,用污点去除工具清除个别小瑕疵后,即可用调整画笔磨皮,降低清晰度描绘脸部。然后用调整画笔工具提高睫毛、眉毛、头发的清晰度,提高嘴唇清晰度和饱和度,方法同例一。处理前后的比较见图4-101和图4-102。

图 4-101　全局处理前后　　　　　　　图 4-102　局部区域处理前后

4.6.7　挽救可能的废片

图 4-103 中的照片是在蒙蒙细雨中拍摄的,色彩暗淡,对比度严重不足,通常情况下会立刻判为废片。有百年历史的外白渡桥经过整体大修重获新生[①],照片中钢桥和俄罗斯领事馆清晰,还有英雄纪念塔和浦江对岸朦胧的东方明珠电视塔衬托。新旧上海交汇于此,画面不错,可以试一试,看能否挽救。

图 4-103　色彩暗淡反差过低的照片

---

① 外白渡桥(Garden Bridge of Shanghai)是我国第一座全钢结构桥梁,由上海公共租界工部局主持,英国豪沃思·厄斯金公司(Howarth Erskine)设计建造,1907 年交付使用。2007 年底,上海市政工程管理局收到英国工程设计公司来信说,外白渡桥设计使用年限(100 年)已到,注意维修。2008 年 4 月,除桥墩以外被全部拆下送上海船厂大修。2009 年 3 月,外白渡桥以原貌回到原地,4 月恢复通车。桥北的俄罗斯领事馆完工于 1916 年。照片拍摄时间为 2010 年 4 月 10 日 16:43。

先裁剪一下，按照 3.2.3 节介绍的方法，启用裁剪叠加工具，单击"矫正工具"（参看图 3-18），以东方明珠电视塔及其倒影为依据纠正倾斜，再将两侧不完整的建筑裁去，使画面简洁，主题突出。尝试单击"色调"单元的"自动"二字，画面效果有所改善，见图 4-104。

图 4-104　旋转裁剪和自动色调调整

由于画面的黑场不足，将黑色色阶降低至 -97，并提高阴影，使黑色的桥体和深色的树叶等处的层次得到正确表现。提高清晰度至 +50，加强水面倒影和波纹，见图 4-105。整体偏暖是阴天白平衡的特征，暂且不去管它。

图 4-105　增强黑场，提高阴影和清晰度

下面是关键的一步：单击"HSL/颜色/黑白"面板的"黑白"选项卡，将照片转换为黑白。单击 TAT，在俄罗斯领事馆屋顶等处向上拉，进行微调，以显示更多的暗部层次，见图 4-106，其中可见红、橙、黄、绿等颜色分量发生了变化（叠加在照片上的是黑白转换后未经调整的默认状态）。

图 4-106　转换为黑白屏适当调整各个局部

图 4-107 是最后得到的黑白照片，将原来准备丢弃的昏暗照片处理成具有特色的黑白照片，风格与内容相称，达到了预期目的。

图 4-107　处理结果

小贴士

Lightroom 最常用处理手法

归纳起来，Lightroom 最常用的功能并不多，初学者可先熟悉以下这些。优先掌握了基本功能就能在使用中逐步拓展和熟练。

1. 初始

➤ 在"镜头校正"面板启用镜头配置文件，消除色差。

➢ 在"基本"面板里，适当提高清晰度和鲜艳度，人像清晰度要适度。

➢ 裁剪旋转，调整构图，以便根据有效区域的直方图进行后续处理。

2．全局

➢ 白平衡大体正常就不再改动。如需调整，用白平衡选择器并微调色温和色调滑块。

➢ 尝试"自动"色调调整，如果效果好，则以此为起点进一步调整，否则放弃。

➢ 根据视觉效果并参照直方图调节 6 个"色调"滑块，使照片达到基本正常。

➢ 利用色调曲线调整全局对比度，调成 S 形可提高对比度。

➢ 用 RGB 分色曲线修正颜色，如将蓝色曲线调至 S 形，使地面的色调变暖，天空更蓝。

➢ 用 HSL/颜色调节各颜色成分的色相、饱和度、明亮度。

➢ 调节"细节"，提高锐度和降低噪点，对人像要启用蒙版以保持脸部柔滑。

3．局部

➢ 用污点去除工具清理照片上的瑕疵和污渍，也可以清除较大的异物。

➢ 调整画笔可对照片进行各种局部处理，可调整明暗、色彩、对比度、饱和度、清晰度等。要设置合适的大小和羽化区。可转换为擦除工具清除描绘效果。

➢ 渐变滤镜可使天空更蓝，还可调整其他属性，并用画笔修正滤镜范围。

➢ 径向滤镜可改变布光，突出主题，也可用画笔进行修正。

4.7　本章小结

　　局部处理主要依靠直方图下面的一组工具，本章重点讨论调整画笔、渐变滤镜、径向滤镜的使用。裁剪叠加、污点去除、红眼校正分别见第 3.2.3 节、3.5.4 节、3.5.5 节，本章给出了利用污点去除工具清除大面积异物的实例。Lightroom 6/CC 将画笔功能整合到两种滤镜中，有利于进一步提高局部处理性能。调用 Photoshop 的目的是处理 Lightroom 不能解决的问题，大多数也属于局部处理。

调整画笔

　　画笔功能完备，对局部区域提供的调整手段几乎包含"基本"面板对照片全局能进行的所有调整，另外还包括局部锐化等一系列功能，是最有用的局部处理工具。

➢ 单击画笔工具，展开面板定义画笔功能，描绘照片进行局部修饰。描绘操作和功能参数修改可交替进行。（4.1.1 节）

➢ 可定义多支画笔，以图钉标记表示，光标放在图钉上可观察画笔范围。（4.1 节）

➢ 可启用自动蒙版阻止画笔描绘效果越界，使相邻区域免受涂抹。（4.1.1 节）

渐变滤镜

渐变滤镜的主要功能是模仿中灰渐变滤片,经常用于压暗天空并产生不同效果,但其功能大大超越"中灰"。

➢ 启用渐变滤镜后展开操作面板,功能与调整画笔相同。(4.2 节)

➢ 按住 Shift 键使选区保持水平(或竖直),移动上下横线(或左右竖线)调节滤镜位置和渐变性质。(4.2.1 节)

➢ 可用画笔修改滤镜范围,保护不应受影响的区域,画笔功能同调整画笔。(4.2.2 节)

暗角效果与径向滤镜

径向滤镜可自由产生暗角,压低背景,加亮对象,重新布光。

➢ 可用镜头校正中的手动功能添加暗角,如需要重新构图应先行裁剪,然后应用滤镜。(4.3 节)

➢ 启用径向滤镜后展开操作面板,与渐变滤镜一样,也有丰富的调整功能。(4.4.1 节)

➢ 也可用画笔修改滤镜范围,保护不应受影响的区域。(4.4.2 节)

调用 Photoshop

从 Lightroom 内调用 Photoshop,处理后自然返回,两者互补,构成强大平台。

➢ 默认文件格式为 TIFF,色彩空间 ProPhoto RGB,16 位深度,ZIP 压缩。(1.3.4 节)

➢ 非 RAW 格式时注意选择编辑哪个副本。(4.5.1 节)

➢ Photoshop 处理后,存储 TIFF 文件返回到 Lightroom,所有元数据均会保留。(4.5.1 节)

第 5 章
高效处理

05

Lightroom的魅力还在于：将对一张照片的编辑复制到多张，方便地对一组照片进行同步处理；将一系列处理步骤作为预设保存起来随时调出，一键单击实现复杂处理；记录处理历史和创建快照以便随时返回曾经达到的任何状态；创建虚拟副本以提供同一照片的多个不同版本。这些功能大大改进了用户感受，有效提高了时间和磁盘空间的利用率。

5.1 同步

5.1.1 处理一张照片然后同步到其他照片

  若在同样的条件下连续拍摄多张照片,光照和相机设置都一样,处理步骤和参数就应该十分接近。在这种情况下可以先对一张进行处理,然后将同样的处理过程同步到其他照片,大大提高处理效率。

  以一组 6 张照片为例,见图 5-1。在修改照片模块的胶片带中选定第一张,对它做如下处理:在镜头校正面板的"基本"选项卡中选择"启用配置文件校正"和"删除色差";提高曝光度、对比度、阴影、清晰度、鲜艳度,降低黑色色阶;调整色调曲线,压低蓝色曲线低端,提升高端使之呈 S 形以加强暖色调。按快捷键 Shift＋Y 将照片处理前后情况并排显示进行比较。

图 5-1　先处理一组照片中的第一张

在胶片带中选择第一张照片，按住 Shift 键，然后单击该组最后一张，选定全部照片后，左侧操作面板下部出现"同步…"按钮[①]，见图 5-1 中的红圈。

单击"同步…"按钮，出现如图 5-2 所示"同步设置"对话框，其中列出各种处理项目。先单击"全部不选"，再选择各有关项目。根据所做处理，选择基础色调、色调曲线、清晰度、镜头校正的前两项。要确保选中"处理版本"使之同步。若加载了配置文件，就需要选择"校准"以同步"相机校准"中的选择。如果也进行了其他处理并需要同步，就选择相应项目。

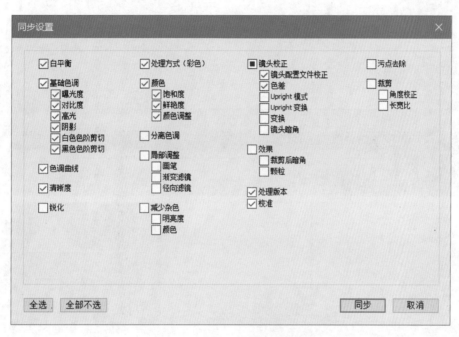

图 5-2　选择需要同步的项目

单击对话框右下方"同步"按钮，对第一张照片的处理就同步到组内的每张照片，见图 5-3，上面一排是仅处理了第一张，下面一排是同步后的情况。

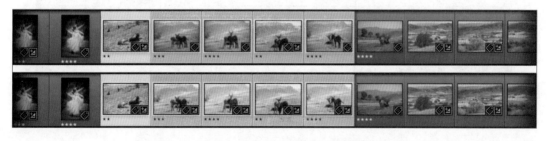

图 5-3　将第一张的处理同步到该组的每一张

① 修改照片模块右侧的操作面板组下面有两个按钮，右面是"复位"，用于撤销导入以来所做的一切处理，将当前照片复位至初始状态。即使虚拟副本（见 5.4 节）也是回到原状，而不是创建虚拟副本时的状态。左面一个按钮有两种情况：若选定一张照片，就是"上一张"（见图 5-4）；如果选择了多张照片就会变成"同步…"，即如图 5-1 所示。

如果只要同步少数几张照片，可在修改了一张以后，通过方向键选择下一张，单击"上一张"按钮即可将对上一张的所有修改复制到当前这一张，见图 5-4 红框内。

图 5-4 将上一张的处理同步到当前选中的照片

5.1.2 自动同步处理多张照片

也可以用自动同步功能对一组照片实时同步处理，对一张照片的处理会立即同步到组内其他照片。

选择一组照片，右侧操作面板组下面的按钮"上一张"（见图 5-4）变成"同步…"。单击"同步…"按钮左侧的拨动开关，使它变成"自动同步"，见图 5-5。

图 5-5　同步和自动同步

　　用鼠标点击所选 6 张照片中的第一张,使它显示在主视图区中,见图 5-6。对它进行以下处理:镜头校正,提高曝光度、对比度、阴影,降低高光,提高清晰度、鲜艳度,将蓝色曲线调为 S 形,提高蓝色饱和度,降低明亮度。各处理步骤对其余 5 张同时生效,见图 5-7 的胶片带,上排是尚未处理时的情况,下排是自动同步处理的效果。

图 5-6　选中 6 张照片准备进行自动同步处理

图 5-7　对第一张的处理同时作用于其余 5 张

　　在筛选模式下显示对 6 张照片自动同步处理的结果,见图 5-8。

图 5-8　对 6 张照片同步处理的结果

5.2　利用预设进行快速处理

所谓预设（Preset），就是把完成一定功能的一系列操作指令打包保存的宏指令（Macro），只要用鼠标单击一下就会依次执行其中的所有操作，可以大大提高处理效率。Lightroom 提供各种处理流程的预设，并允许用户根据需要创建自己的个性化预设。

5.2.1　应用系统预设

在处理照片模块中，"预设"面板位于左侧导航器下面。展开"预设"面板可见 8 类预设处理步骤，前 7 类是 Lightroom 提供的，每一类包含多个预设，如图 5-9 所示"常规预设"和"颜色预设"分别包含 6 个和 9 个预设。用户预设暂时是空的，用户自定义的预设将列在它下面。

单击一个预设就把已有的处理步骤应用于选择的照片。不同的预设涉及不同处理，要了解某一预设所做的处理，可在单击预设后转到右侧面板逐一展开面板观察。例如"中对比度曲线"仅影响色调曲线。

图 5-9　修改照片的预设

为了避免反复单击鼠标进行尝试,可将光标掠过预设列表而不单击,此时导航器中显示光标所指预设产生的处理效果。如图 5-10 中,光标移到"颜色设置"选项中的"往昔",在导航器中显示"往昔"的处理效果,而主视图区仍显示未经预设处理的情况。

图 5-10　用导航器观察预设的效果

注意　　第 3.1.1 节已经介绍了导航器常带来的方便,例如将鼠标滑过胶片带而不单击,可以很快地浏览其他照片而不影响主视图区里显示的当前照片。在预设项上移动光标而不单击,从导航器观察预设效果以便选择合适的预设是 Lightroom 对用户友好的另一设计。

单击"往昔"使之作用于选定的照片,处理效果就呈现在主视图区中,见图 5-11。检查右侧各个面板就可知道预设"往昔"所涉及的处理,它仅改变了"分离色调"的几个滑块,其余均无变化。将图 5-11 右侧面板与图 5-12 中分离色调的初始状态比较,可见 4 个滑块都发生了变化。第 3.4.3 节讨论过分离色调用于调整双色照片的情况,这里是将它应用于彩色照片产生特殊风格的一个例子。

调用预设以后,还可对照片做进一步处理,例如在"往昔"基础上,进入基本面板、微调白平衡、降低高光、提高清晰度和鲜艳度、适当提高红色饱和度,得到的结果见图 5-13。

图 5-11　预设"往昔"的处理效果

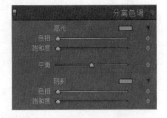

图 5-12　分离色调的初始状态

图 5-13　调用预设后做进一步处理

如要想叠加使用预设，就必须了解各预设中包含哪些处理。例如，某一预设包括对高光和阴影的处理，在它之后又用了另一个含有高光、阴影的调整，那么第一次的处理就被第二次替代了。又如第一次选择的预设中没有包含对曲线的调整，再单击"中对比度曲线"就会把两次的处理效果叠加。如果不了解预设所做的处理，建议避免叠加使用。

5.2.2　创建个性化预设

现在来创建用户自己的预设。首先单击右侧面板下方的"复位"按钮让照片恢复到初始状态，如图 5-14 所示。

图 5-14　复位

　　例如我们要调整天空的色相，使它偏向深蓝一些，并且适度加深。在 HSL 面板中将蓝色色相调至＋20，浅绿色的色相调至＋30，蓝色饱和度调至＋10，蓝色明亮度调至－20。再适当提高红橙黄色的饱和度和明亮度，调整效果见图 5-15。

图 5-15　重新处理照片

　　回到"预设"面板，单击右侧的"＋"号，弹出如图 5-16 所示"新建修改照片预设"对话框。首先将要创建的预设命名为"蓝天：深蓝色"，单击"全部不选"取消对所有项目的选择（注意：此时"处理版本"必须选中），然后选择所做处理涉及的项目，在这里是与"颜色"有关的几项。

　　单击"创建"按钮，关闭对话框，此时可见预设面板中，"用户预设"下出现了新建的预设。单击它用新建预设处理另一张照片，效果如图 5-17 所示，图中左下角可见用户创建的预设"蓝天：深蓝色"。

　　若要删除一个用户预设，选中它，单击"预设"面板右侧的"？"号即可。

　　可在导入照片时应用预设（参看第 2.1.2 节）：导入对话框右侧的"在

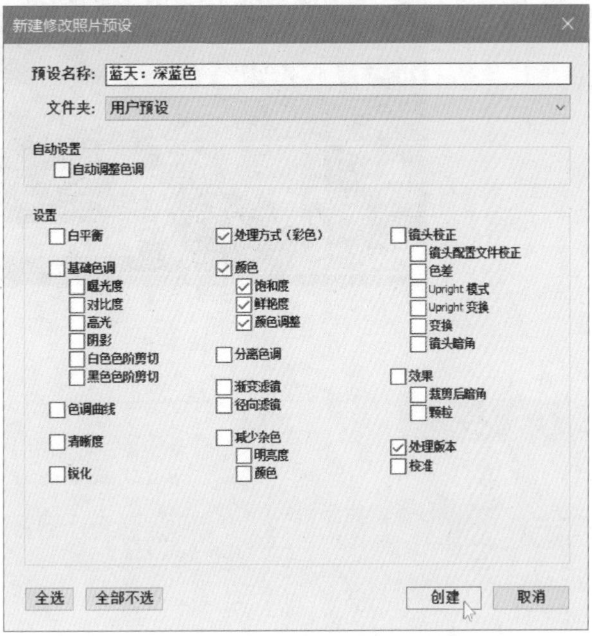

图 5-16　创建用户预设

图 5-17　用创建的预设处理其他照片

导入时应用"，单击"修改照片设置"的双箭头，在下拉菜单中选择 Lightroom 提供的预设或用户自定义预设，就会对每一张导入的照片进行预设中的处理，见图 5-18。

图 5-18　在导入照片时应用预设

注意　可从网上找到很多有用的预设，如 http://www.zhoumingchao.com/download/Develop Presets.rar，http://photo.poco.cn/special_topic/topic_id-15696.html。下载后需导入 Lightroom：进入"预设"面板，右击"用户预设"，在弹出的快捷菜单中选择"导入"命令，找到要导入的预设即可。用户预设存放于电脑中的下列位置：C:\Users\用户名字\AppData\Roaming\Adobe\Lightroom\Develop Presets\User Presets。

5.3 图库模块中的快速修改照片

在 2.2.6 节曾提到图库模块中的"快速修改照片"面板,使你能在图库模块中进行一些快速的处理。展开"快速修改照片"面板,并展开三个单元,见图 5-19。"存储的预设"使你能加载各个修改照片预设,参看 5.2 节。"白平衡"和"色调控制"包含修改照片模块基本面板中的处理功能,所不同的是这里不用滑块,而是通过单击按钮来实现调整。单击有双箭头的按钮使相应的参数提高或降低一档,单击有单箭头的按钮则相应地改变三分之一档。也就是说,图库模块的快速修改是改变各个属性的相对值,而不像修改照片模块那样,是通过滑块指定各属性的绝对数值。

按住 Alt 键(对于 Mac 计算机则是 Option 键),色调控制单元最下面两个调整项目从"清晰度""鲜艳度"(见图 5-19(a))变为"锐化"和"饱和度"(见图 5-19(b))。

照片导入后,若在图库模块中已发现照片需要处理,我们可能希望在进入修改照片模块前快速判断能否轻易纠正,如不能,也许会直接放弃。例如,对于一张夜景照片,景物和天空都太暗,在放大视图中观察,如图 5-20 所示。提高两档曝光度,提高阴影,降低色温,得到明显改善的结果,说明有保留价值,如图 5-21 所示。

又如图 5-22 中的一组照片曝光不足,对第一张尝试提高两档曝光度,降低两档黑色色阶和阴影,提高一档清晰度和鲜艳度,发现

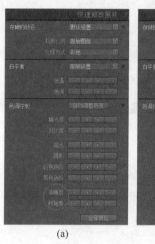

(a)   (b)

图 5-19 快速修改照片面板

图 5-20 欠曝的照片

图 5-21　快速调整色调和色温

图 5-22　对第一张照片快速调整色调

有明显改善。

　　如要将某一调整项（如"曝光度"）恢复原状，只需双击"曝光度"。

　　回到网格视图，选择 6 张同类照片，单击右下部的"同步设置"按钮，见图 5-23。在弹出的对话框中应选择所涉及的处理类型。

图 5-23　选一组同类照片，单击"同步设置"

　　本例涉及白平衡、基础色调、颜色，见图 5-24。注意："处理版本"必须选中。选好后，单击"同步"按钮，对第一张所做快速处理被同步到组内另外 5 张照片，图 5-25 给出了同步结果。

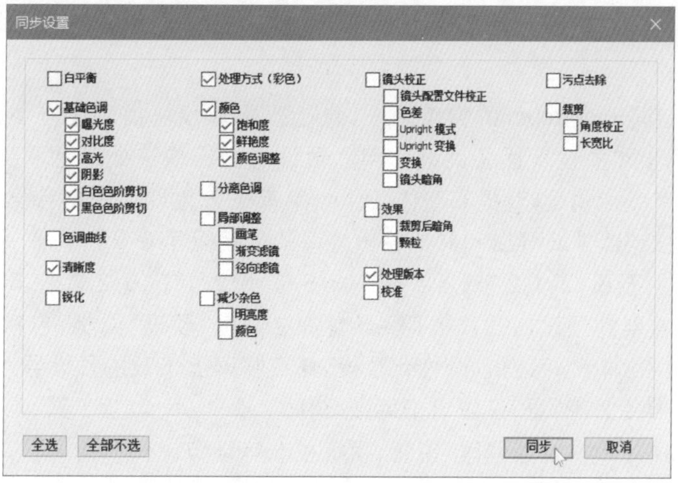

图 5-24　在同步设置对话框里选择有关项目

注意

　　图库模块中快速修改的同步处理与"修改照片"模块中有所不同：例如降低一档曝光度，这里所有选中的照片的曝光度都降低一档，即**相对增量相同**。在"修改照片"模块中，若将一组照片的曝光度都调整到＋1.20，那么每张照片的曝光度都被调到＋1.20，不管原来取什么值，即调整后绝对数值相同。

图 5-25　将第一张照片的快速修改同步到组内其他照片

小贴士

预设汇总

处理效率高是 Lightroom 的特色之一，除修改照片模块提供了方便、直观、快捷的操作工具外，同步和预设发挥了关键作用。预设是进行快速处理的利器，在照片管理和输出环节也有各种预设，对提高整体工作效率都十分重要。现将各类预设归纳如下（括号内是有关章节，涉及导出和其他输出分享的预设见第 6 章）。

1）修改照片预设（2.1.2 节、2.2.6 节、3.5 节、5.2.1 节、5.2.2 节、5.3 节）

➤ 这是最重要的预设，在"修改照片"模块左侧有"预设"面板，包括系统提供的 7 组预设共数十种，可自创个性化预设，还可将网上下载的预设导入系统。

➤ 在导入照片时可将预设应用于每张照片。

➤ 可用于图库模块快速修改、锐化、相机校准等环节。

2）照片导入预设（2.1.4 节）

照片导入设置步骤不少，不必每次重复，保存常用设置，以后只需直接应用。

3）白平衡预设（3.3.1 节）

对于 RAW，相当于相机白平衡设置，如日光、阴天等，但效果不完全一致。

4）色调曲线预设（3.4.1 节）

对 RGB 同时调整改变全局对比度，有线性、中对比度、强对比度三种选择。

5）调整画笔预设（4.1.1节、4.6.1节、4.6.6节）

➢ 调整画笔是局部处理利器，可灵活设成许多功能，用来调整各种局部属性。

➢ 系统提供多种预设，如柔化皮肤、美白牙齿等。

➢ 可自创用户预设，可更改，可删除。

6）涉及输出分享的预设（见第6章）

➢ 照片导出预设（6.1.2节）：和导入一样，无须每次重复同样设置。

➢ 水印预设（6.1.2节）。

➢ 发送电子邮件预设（6.2节）。

➢ 画册布局预设（6.3.1节）。

➢ 画册文字格式预设（6.3.3节）。

➢ 打印布局预设（6.5.2节）。

5.4 虚拟副本

设想你需要一张照片的多个版本：彩色、黑白、高反差、不同色调、不同剪裁等。在Lightroom中可以通过创建多个虚拟副本（Virtual Copy）实现这一目标，而不必复制任何图像文件，从而大大节省存储空间，而且便于管理。

在网格视图、放大视图、修改照片的视图或胶片带中右击照片，或打开"照片"菜单，选择"创建虚拟副本"命令，在列表框中单击"创建虚拟副本"，见图5-26。也可用快捷键Ctrl＋单引号（对于Mac计算机则是Command＋单引号）直接创建虚拟副本，不一定要在菜单中选择。按快捷键Ctrl＋Z（对于Mac计算机则是Command＋Z）可撤销创建的虚拟副本。

虚拟副本出现在选定的照片旁边，图5-27是胶片带的情况。缩览图左下角有一个折角（见

图 5-26　在菜单中选择创建虚拟副本

图 5-27 红圈内），说明它是虚拟副本，在网格视图中也是这样表示。虚拟副本具有对原照片所做的各种标记和处理记录，随后可对虚拟副本独立进行标注和进一步处理，不会影响原照片。对一张照片创建虚拟副本的数量不限。

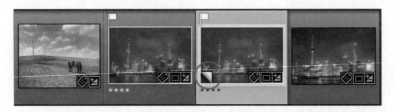

图 5-27　虚拟副本左下角的折角符号

对虚拟副本可以进行各种处理，就用户体验而言，与对原始照片的处理无异。虚拟副本并不需要产生新的照片文件，它只是图像数据库（目录）中的一条记录罢了。你可以尝试各种不同的处理效果，由此产生的一系列指令所占磁盘空间与照片文件本身相比，是可以忽略不计的。

对虚拟副本进行处理后，又可从它出发建立新的虚拟副本，图 5-28 中对一张照片产生了 6 个虚拟副本。对于每个虚拟副本可在已处理的基础上继续处理，或者单击"复位"按钮（见图中红圈内）将新建虚拟副本复位到原始状态再进行处理。

图 5-28　对一张照片建立多个虚拟副本

进入网格视图，选择原图和多个虚拟副本，按 N 键进入筛选模式进行比较，见图 5-29。

图 5-29　在筛选视图中比较原图和虚拟副本

5.5　历史和快照

　　Lightroom 记录对照片的每一步修改,显示在修改照片模块左侧的"历史记录"面板里。你可随时回到过去任何状态。列表里的操作不能删除,但可单击任何一步,从那里开始新的操作。

　　展开修改照片模块的"历史"面板查看照片的编辑史,其中列出了照片导入以来的完整处理过程,每一步包括操作名称和有关参数。主视图区所显示的是列表中用鼠标单击加亮的"转换为黑白"后的情况,见图 5-30。将鼠标扫过列表而不用单击,导航器会实时显示光标所指操作效果,即历史情况,这里光标停在最下面的"导入"。注意:这一项的背景被轻度加亮。

　　单击列表中任何一项可在主视图区中查看当时情况,如"转换为黑白"前一步的彩色照片,见图 5-31。由于光标指在"转换为黑白",导航器显示的是黑白照片。

　　如果你要随时回到这个状态,又不想放弃以后进行的修改,可建立快照。单击修改照片模块左侧"快照"面板右面的"＋"号,会弹出如图 5-32(a)所示对话框,键入快照名称,单击"创建"按钮。此时会在"快照"下出现新建的快照。可以建立多个快照,如果要删除一个快照,可选中它,单击"－"号。右击一个快照可在出现的下拉菜单中重新命名。

图 5-30 历史记录：主视图区显示"转为黑白"的状态

图 5-31 历史记录："转为黑白"前一步的状态

(a)   (b)

图 5-32 建立快照

每做一次操作就产生一条历史记录,例如,将曝光度提高到+0.5,再提高到+0.6,然后又回到+0.5,就会有 3 条记录,因此历史清单往往很长。快照可避免你在长长的历史清单中寻找关键步骤。单击快照列表中的任何一项,主视图区立刻显示相应的状态,可从这一步开始进行新的处理,或建立虚拟副本再继续处理,十分便利。历史和快照有利于提高工作效率。

5.6　本章小结

本书一开始就曾指出,Lightroom 提供数码照片组织管理、后期处理、输出分享的完整工作平台,具有高质量、高效率的优势。本章的讨论围绕提高时间和空间效率。

同步

将对一张照片的处理重复用于其他照片可成倍提高处理效率。

➢ 注意选择需要同步的处理项目。(5.1.1 节)

➢ 可同时同步到多张照片,也可仅将对上一张照片的修改复制到当前照片。(5.1.1 节)

➢ 还可边处理边自动进行同步。(5.1.2 节)

预设

预设是将一系列操作命令打包,仅通过单击鼠标就依次执行其中的操作。

➢ Lightroom 提供多组照片处理预设,可直接调用。(5.2.1 节)

➢ 用户自定义预设往往更具针对性,某些自定义预设如对相机偏色的校准可在导入照片时应用。(5.2.1 节、2.1.2 节)

图库模块的快速处理

照片导入后可在进入修改照片前快速判断是否能用,如不能,也许可直接放弃。

➢ 包括白平衡和色调调整的主要功能,单击按钮而不用滑块。(5.3 节)

➢ 可以同步。这里同步的是相对变化量,如加一档或减两档,而不是修改照片模块的绝对数值。(5.3 节)

虚拟副本

创建虚拟副本并不复制照片文件,可得到照片的多个版本而不增加存储量。

➢ 虚拟副本在创建时会保留原照片属性,以后可进行任意修改。(5.4 节)

➢ 可复位后重新处理,也可从当前状态开始处理。(5.4 节)

历史记录和快照

利用数据库功能，将记录下来的处理过程列出，使你可以随时回到过去。

➢ 可以将以往的任何一步之后的处理推倒重来。（5.5 节）

➢ 可将处理过程中的任何节点设为快照，以便快速地找到它，回到那里。（5.5 节）

第 6 章
输出分享

06

摄影完全可以自娱自乐，但很少有人仅限于此，分享作品有极大的乐趣，也是大多数摄影者的创作目的之一。分享的方式很多：屏幕展示、打印输出、多媒体投影、视频、幻灯片、通过社交媒体或邮件传输、网上相册等等，不一而足。Lightroom具有强大而便利的输出分享功能，可以满足各种需要。

6.1 照片导出

6.1.1 照片为什么要导出

初学者也许会问：为什么 Lightroom 和其他软件不同，没有"存盘"命令，退出时不需要保存已做的工作？这是因为每次操作后 Lightroom 立即将操作指令连同参数（例如将曝光度提高到＋0.6）写入目录，而不是对存放在电脑上的照片文件进行修改。在主视图区看到的处理效果只是 Lightroom 根据你的指令对显示图像进行渲染的结果。将操作指令写入目录的工作瞬间就能完成，所以你可随时退出 Lightroom 而不需要存盘，下次重新打开时，你会发现所有状态都和退出时一样。

既然在处理（也包括在图库模块中所做的标注等一切操作）时并不改变导入的原始照片文件，那么如何得到处理后的照片呢？换句话说，处理好的照片如何输出？这是另一个常遇到的问题，这正是本节要讨论的照片导出。Lightroom 将处理过程记录在目录（或 xmp 文件，参看第 1.3.4 节）中，脱离了 Lightroom 就无法解读。用其他软件是看不到你对照片所做处理的，当然也就无法展示和分享。要将 Lightroom 中的照片输出到外面来，你需要将照片导出（Export）为 JPEG 或其他通用图像格式如 TIFF。当然也可以导出为 PSD 或 DNG，还可以是原始格式，也就是导入之前未经处理的版本（RAW 或 JPEG）。导出原始格式时，每张照片会有一个包含处理信息的 .xmp 文件相伴。

第三个问题是：所有照片都需要导出吗？答案因人而异，可以有不同的做法，下面是两种典型情况：

> 导出全部（至少是留用的或星级较高的）照片，便于用任何方式浏览和分享。如果将导出的照片留在同一台电脑里，每张照片都将有两个版本。一个是导入版本，通常是 RAW，也许是 JPEG；另一个是处理后导出的版本，通常是 JPEG，少数情况下可能是 TIFF。对导出照片要合理组织，如考虑是否重命名（便于识别、避免冲突），文件夹的设置等，否则就会造成混乱，使 Lightroom 的管理优势尽失。

> 只导出少量照片，例如用于交流、通过社交媒体发给朋友、制作 PPT、送出去冲印，总之只有当需要脱离本台电脑时才导出。由于可连接打印机直接打印，为了分享而必须脱离 Lightroom 的情况并没有想象中的那么多。但无论如何，总是有导出的需要。

怎样才是合理的做法？我们推荐以上的第二种做法：仅在照片需要离开电脑时才导出。换句话说，你在电脑里只需要保存一个照片文件（每次调用 Photoshop 返回一个额外的 TIFF 文件，以及进行 HDR 或全景合成生成一个 DNG 文件除外），并不需要任何复制件或不同版本、不同格式的多个文件。你对照片所做处理的所有信息都保存在目录里，你需要的多个版本也都以虚拟副本的形式存在于目录中，需要时可以随时导出。

> **注意** 再次强调,你必须保证目录的完好。一旦目录损坏或丢失,你就失去了所做的全部后期工作,所以务必要定期备份目录,并将它复制到**独立的外部存储器**上。你还要确保在外部存储器上有全部原始照片文件的备份,如果丢失了照片文件,你就失去了一切。这种备份和同一台电脑上的多个复制件和不同版本不是一回事。

6.1.2 导出步骤

选择照片启动导出

用以下方法之一选择需要导出的照片,启动导出:

> 在图库模块的网格视图选择照片,单击左下方的"导出"按钮,或右击选中的照片,在出现的菜单中选择"导出"命令。

> 在任何模块下部的胶片带中选择照片,单击鼠标右键,在出现的菜单中选择"导出"。

> 按快捷键 Ctrl+Shift+E(对于 Mac 计算机则是 Command+Option+E)。

> 打开"文件"菜单,选择"导出"命令。

如图 6-1 所示是在胶片带中选择照片,并右击时出现的菜单。注意:胶片带上选中的左起第一张是虚拟副本,它使你能导出一张照片的不同版本。在"导出"子菜单下部可见导出预设,可以选择它们,直接根据预设导出。Lightroom 提供 4 种预设,用户还可以自己创建预设,为以后的使用带来极大的方便。

图 6-1 选择需要导出的照片,单击菜单项

若选择最上面的"导出"命令，会出现如图 6-2 所示的对话框。对话框左侧的导出预设与图 6-1 中子菜单所示相同。例如，选预设"刻录全尺寸 JPEG"，对话框上部的"导出到"输入窗会自动显示"CD/DVD"，同时在对话框里自动填入用于刻录 CD/DVD 的典型设置，你可单击对话框右下部的"导出"按钮直接进行刻录。

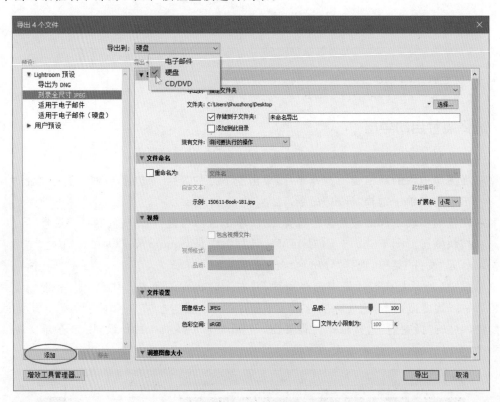

图 6-2　导出对话框

如果不是立即刻录，而将导出的照片暂存在硬盘上（或连在电脑上的磁盘），则单击"导出到"右侧的小箭头，在下拉菜单中改选"硬盘"，如图中所示，然后保存为自己的导出预设（关于预设参看第 5.3 节后面的小贴士"预设汇总"）。

单击对话框左下方的"添加"按钮（见图 6-2 红圈内）保存预设，在弹出的对话框中填入名称，例如命名为"全尺寸 JPEG 存盘待刻录"，然后单击"创建"按钮，在"用户预设"中就会出现新的预设，见图 6-3。

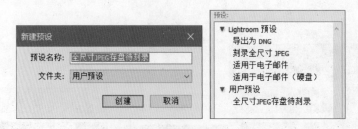

图 6-3　保存导出预设

导出位置

现在来看导出对话框右面各个栏目。第一个是指定导出目的地，单击"导出到"，在出现的下拉菜单中有三个选择，见图6-4。其中第二项对于创建用户预设很有用，因为你现在无法预计今后使用预设时要保存到哪里。如果选择原始照片所在文件夹，会让你决定是否新建子文件夹并命名。如果不是要创建预设，通常选择"指定文件夹"，然后单击右面的"选择…"按钮，打开Windows的对话框进行选择。

图6-4　指定文件夹

图6-5的例子是导出到原文件夹下的子文件夹中，并将导出照片添加到当前Lightroom目录中。但这种情况通常是为了将导出的照片长期保存，会占用硬盘空间，实际意义不大，不值得推荐。

图6-5　存到原始文件夹下的子文件夹中并添加到目录

文件命名

图6-6是"文件命名"栏目。如果保持文件名不变，就不要选中；如果选中了，单击"文件名"，在下拉菜单中选择命名方式，与导入时的命名方式一样，参看第2.1.2节。

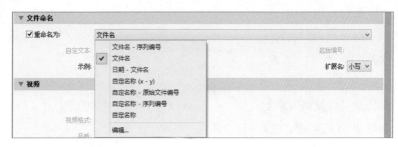

图6-6　重命名导出照片

文件设置

图6-7中的"文件设置"是重要项目。你要决定导出照片的格式：JPEG、PSD、TIFF、DNG、原始格式。

图6-7　确定导出图像文件格式

如果选择 JPEG 格式，就要决定图像品质、文件大小限制、色彩空间，见图 6-8。图像品质越好，文件越大，由于存储介质很便宜，如果自用时应选最优品质"100％"。如考虑不同分享目的或受传输带宽限制，可降低品质以减小文件尺寸，或根据要求限制文件大小。为了最好的通用性，色彩空间建议选择"sRGB"。

若对导出图像的质量要求高，例如用于大尺寸优质打印，应选择导出 TIFF 格式，见图 6-9。也可导出 Photoshop 专用格式 PSD，如图 6-10 所示，但这种格式的文件并不通用，Photoshop 也能接受 TIFF 格式，故导出 PSD 的实际意义不大。导出这两种格式应选择 16 位才能保留全部图像细节，确保最佳质量。可根据情况确定色彩空间。

图 6-8　设置 JPEG 参数

图 6-9　导出 TIFF

图 6-10　导出 PSD

图 6-11 是导出为 DNG 格式的情况。DNG 能保持 RAW 格式的质量以及所有的处理效果和元数据，用于不同版本的 Lightroom 之间移植照片十分方便。例如，在 Lightroom 6/CC 中处理过的照片，如导出为 DNG 则可导入到另一台计算机的 Lightroom 5 中去。

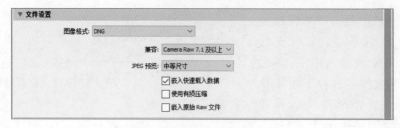

图 6-11　导出 DNG

如果选择"原始格式"（见图 6-7），就是导出原始文件（RAW 或 JPEG），并根据已做处理生成一个 .xmp 文件，随带一起导出。可将原始格式的照片文件连同 .xmp 文件一起载入 Photoshop，得到 Lightroom 的处理效果。若需要未经任何处理的效果，可删去 .xmp 文件，等于直接从文件夹中复制原始文件。关于 .xmp 文件参看第 1.3.4 节。

图像大小

导出照片大小的设置见图6-12。如要保持原尺寸,则不选中"调整大小以适合"。可在下拉菜单中规定导出照片的几何尺寸以像素为单位的大小,或以厘米、英寸为单位。分辨率即每单位长度像素数,仅与打印有关,如果用屏幕显示,可不用关心这一项。如果照片小于限定的最大尺寸,建议选择"不扩大",因为放大图像尺寸会损害质量。如果确实需要放大,宜先导出原尺寸图像,然后在采用高性能插值算法的第三方专用软件中处理。导出DNG和原始格式不能改变图像大小。

输出锐化

输出锐化要根据前面是否经过锐化以及锐化程度、输出目的等因素决定。如果已经进行了锐化,可不再锐化或将"锐化量"选

图6-12 调整图像大小

为"低"。如果为了屏幕显示(包括制作PPT、上网等),不一定要锐化。打印则根据纸质(高光、亚光)和尺寸确定,大尺寸打印通常需要一定程度的锐化。

元数据

可以决定在导出的照片中是否保留元数据,保留哪些,见图6-13。

图6-13 决定保留哪些元数据

添加水印

选中"水印"复选框,在导出的每张照片中添加水印,见图6-14。可选择嵌入简单的版权水印,也可以自行编辑个性化水印。

选择"编辑水印",弹出如图6-15所示的"水印编辑器"。这里

图6-14 添加水印

选了文本水印(见图6-15右上角的红圈内),内容是"自定"(见图6-15左上方),在照片下面的文本框键入"© shuowang",水印定位在照片左下角(见图6-15右下角的红圈)。还可在编辑器右面各栏中设定字体、阴影、不透明度、水印大小、微调位置(移动"内嵌"单元内的滑块)。

若选择水印样式为"图形",单击"选择"按钮,在电脑中找到作为水印的图像。Lightroom 5以上版本支持PNG格式,可在Photoshop中制作背景透明的水印,见图6-16。

图 6-15　文本水印

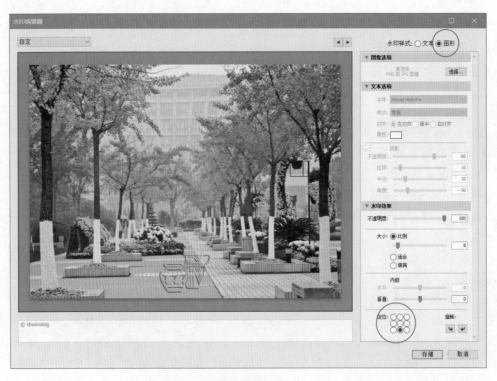

图 6-16　图形水印

单击"存储"按钮，关闭编辑器，此时会弹出"新建预设"对话框，见图 6-17，键入名称后单击"创建"按钮，新建的水印就会出现在导出对话框的水印栏中，以后可直接使用。

后期处理

图 6-17　将创建的水印保存为预设

"后期处理"是指照片导出后是否在 Windows 资源管理器中打开，或者进入 Photoshop 处理等，一般可保持"无操作"。

导出

设置完毕，右击任何一个栏目的灰色部分，在下拉菜单中选择"全部折叠"，将展开的栏目收拢，见图 6-18。从这里可以清楚地看到各项设置，检查无误后，单击导出对话框右下方的"导出"按钮，等待照片导出。

图 6-18　检查导出设置

如果以上设置是今后会经常用到的导出方式，在"导出"之前单击左下角的"添加"按钮，将整个设置保存为一个导出预设，以后只需应用预设，不必再重复以上步骤。

> **注意**　只有在导出时 Lightroom 才真正对照片进行处理，也就是将目录或 xmp 文件中记录的处理步骤应用于每张导出的照片。若导出照片较多，会花费相当长的时间。

6.1.3　照片导出提要

导出步骤看来比较复杂，实际上和导入一样，归根结底是三部曲：导出哪些照片，以什么格式和规格,导出到哪里去。并非所有照片都要导出,我们建议只导出需要离开电脑的照片。可根据自己的偏好采用不同操作方法,以下是推荐的最简导出步骤。

> ➢ 选好要导出的照片。
> ➢ 确定导出位置。如果选择导出到硬盘,除非打算在电脑上永久保留导出的照片文件,建议在桌面建立临时文件夹,用后删掉。
> ➢ 根据用途决定是否重新命名,分享也许需要命名,打印则不必。
> ➢ 最重要的是设置导出文件的格式,如 JPEG,根据用途确定品质。
> ➢ 根据用途确定导出照片大小。
> ➢ 初学者可不考虑锐化、元数据、水印、后期处理。
> ➢ 将导出步骤添加为预设,一劳永逸,以后只需选择预设即可。

小贴士

导出,还是不导出?

学会照片导入并进行一定的处理之后,初学者往往急于想知道:如何将处理过的照片导出呢? 回答这个问题之前,请先想想,你究竟需不需要导出? 这很可能出乎意料,难道照片处理好了不用导出? 确实不一定,而且**大多数照片并不需要导出**。

我们看到,在 Lightroom 环境里可以浏览、展示、打印任何一张照片,或对它做进一步处理,甚至推倒重来。保存在计算机里的始终只是一个照片文件,就是导入时存放在指定位置的 RAW 或是 JPEG,保持原样,没有改动。对照片所做的一切操作都被写入目录,系统根据设置生成预览,你并不进行干预。观看照片时,或者直接调出预览,或者要等待载入,稍过片刻屏幕上的模糊照片会变得清晰。所谓载入就是根据目录中的操作记录对照片进行渲染,生成预览,屏幕所见就是渲染的结果。如果仅仅为了显示,到此已经完成,并不需要产生处理后的图像文件。联机打印也是这样,把渲染的结果送往打印机即可。

那什么情况下才要导出呢? 一句话,就是**当照片要脱离计算机时**。

> ➢ 发送电子邮件、制作 PPT、插入到其他文档时要导出照片;
> ➢ 通过社交媒体如微信、QQ 发送给朋友时要导出照片;
> ➢ 导出 PDF 格式的画册;
> ➢ 为了分享要导出 PDF/JPEG 格式幻灯片,或者导出为 MP4 视频;
> ➢ 导出 JPEG/TIFF 文件送出去冲印,或将编排好的页面打印到 JPEG 文件;
> ➢ 在 Web 模块导出照片生成网页发布到网站,或直接上载到 FTP 服务器。

以上这些都是照片脱离电脑的例子,许多情况下你会缩小照片尺寸以便于传输。照片一旦离开电脑,你就可以将导出的副本删去,因为随时都能重新生成。当然,有些你也会选择保留,例如生成视频时间较长,让它占用一些硬盘空间你并不在乎。

在此重提我们一再强调的:Lightroom 不需要在电脑里保存照片的多余版本(外部备份不在此例)。

6.2　发送电子邮件

　　若要将照片作为电子邮件的附件发送,可先用 6.1 节讲述的方法导出图像文件,再按常规做法将它们添加为邮件的附件。但 Lightroom 提供更为便捷的方法,可直接将照片导出并直接作为附件通过电子邮件发送。在网格视图中选好照片,打开"文件"菜单,选择"通过电子邮件发送照片…"命令,如图 6-19 所示。或在选择的照片上右击,选择"通过电子邮件发送照片…"。

图 6-19　通过电子邮件发送照片

　　在弹出的对话框顶部标题栏显示默认的邮件客户端软件名称和要发送的照片张数,"发件人"名称栏里也显示默认的邮件客户端软件名称,图 6-20 中显示对应的 Foxmail 界面。可从通信簿中选择收件人。也可直接在"收件人"栏中输入收件地址,加入抄送或密件抄送地址,填写主题。在"预设"中选择照片大小和品质,这里选了"适合电子邮件"预设。

　　单击"发送"按钮,等待 Lightroom 根据预设导出照片(例如导出为 JPEG,缩小尺寸),然后你的邮件客户端软件被打开,导出的照片已按照预设尺寸和品质加入附件。填写邮件内容后即可发出邮件。

Foxmail - 6 张照片

收件人：

someone@hotmail.com

抄送　密件抄送　抛址

主题：　　　　　　　　　　　　　　发件人：

无标题　　　　　　　　　　　　　　Foxmail

附加的文件：

包括题:主元数据作为说明标签

预设：　适用于电子邮件

　　　小 - 300 像素长边，低品质
　　　中 - 500 像素长边，中品质
　　　大 - 800 像素长边，高品质
　　　全尺寸 - 原始尺寸，超高品质
　✓　适用于电子邮件
　　　新建预设...

发送　取消

图 6-20　发送电子邮件对话框

6.3　制作画册

利用 Lightroom 的"画册"模块（Lightroom 4 中称为"书籍"）可制作具有专业水准的相册。你可以从 Lightroom 直接发送到自助出版商 Blurb[①] 打印成册，或输出为 PDF 格式自行打印。不过 Blurb 目前未在国内开展业务，也暂不支持中文版本，所以进入画册模块时会出现如图 6-21 所示的对话框。

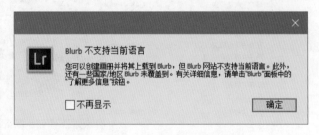

Blurb 不支持当前语言

您可以创建画册并将其上载到 Blurb，但 Blurb 网站不支持当前语言。此外，还有一些国家/地区 Blurb 未覆盖到。有关详细信息，请单击"Blurb"面板中的"了解更多信息"按钮。

□ 不再显示　　　　　确定

图 6-21　Blurb 不支持当前语言

6.3.1　画册设置

进入"画册"模块之前，先将要编入画册的照片收入一个收藏夹。在"画册"模块里，打开"画册"菜单，选择"画册首选项"命令，弹出对话框如图 6-22 所示。这里对画册布局选择"缩放以填充"，也可以选择"缩放到合适大小"。

---

①　关于 Blurb 参看：https://en.wikipedia.org/wiki/Blurb。Blurb 官网：http://www.blurb.com/。

图 6-22　画册首选项

在画册首选项中选择"开始新画册时自动填充"，Lightroom 将会自动将胶片带中的照片添加到相册，这将成为一个方便的开端。

在"文本选项"中，不妨暂时选择"填充文本"以便临时填入一些文字，以后可根据实际照片更改，见图 6-23。当然选择下面的几种元数据也可以。建议选择"将题注锁定于文本安全区"，防止文字超出范围。

展开"画册设置"面板，首先选择画册类型。由于 Blurb 不可用，所以选 PDF 或 JPEG，见图 6-22 右上方红圈。

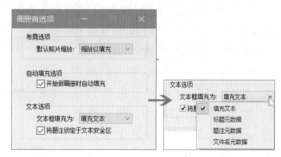

图 6-23　文本选项

展开的"画册设置"菜单见图 6-24。在"大小"中可选择 5 种尺寸中的一种，见图 6-24(b)，这里选了"标准横向"。可选择有无封面，图 6-24(c)中选了"精装版图片封面"。JPEG 品质建议选"100"。颜色配置文件可选"sRGB"，虽然它的色域较小，但通用性好，便于分享。文件分辨率对打印起作用（参看第 1.3.4节），可选 240ppi 或 300ppi。锐化选择和媒体类型根据打印要求设定。

展开"自动布局"面板，可选择一种预设的布局，例如每页一张。也可自己编辑布局预设。由于上面选了"开始新画册时自动填充"，并且已经将选定照片放了当前的收藏夹，在主视图区会出现画册的初步版面。如果没有出现要求的照片，可单击"清除布局"按钮，然后再单击"自动布局"按钮，见图 6-25。

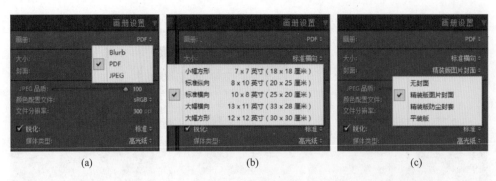

图 6-24　画册设置

图 6-25　自动布局

在"自动布局"面板的预设中，若选择"编辑自动布局预设"，会弹出"自动布局预设编辑器"对话框，如图 6-26 所示。例如，在编辑器中选"每页一张"照片并有白色边框（右侧滚动条向下拉有许多可选版面，包括不同边框、有无文字注释等，还可选择每页多张照片）。这里选择"将照片缩放至填满"，并选择"添加照片文本"。单击自动布局预设编辑器下面的"存储"按钮，在弹出的对话框中填入新建预设的名称，例如"每页一张布满，有文本"，如图 6-27 所示，单击"创建"按钮。如果不准备新建预设，仅仅修改原有预设，则单击编辑器下部的"更新预设"按钮。

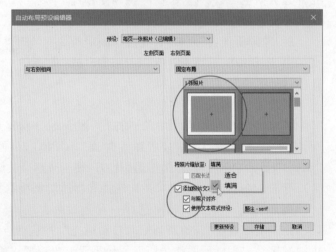

图 6-26　自动布局预设

在主界面中，单击"清除布局"按钮，然后再单击"自动布局"按钮，主视图区中就会展示所选自动布局情况，如图 6-28 所示。

图 6-27　新建画册预设

图 6-28　自动布局效果

如果对画册设计满意，可单击主视图区右上方的"创建已存储的画册"，在弹出的对话框"创建画册"中输入画册名称，例如，将它置于"欧洲之旅"收藏夹集中，单击"创建"按钮，见图 6-29。

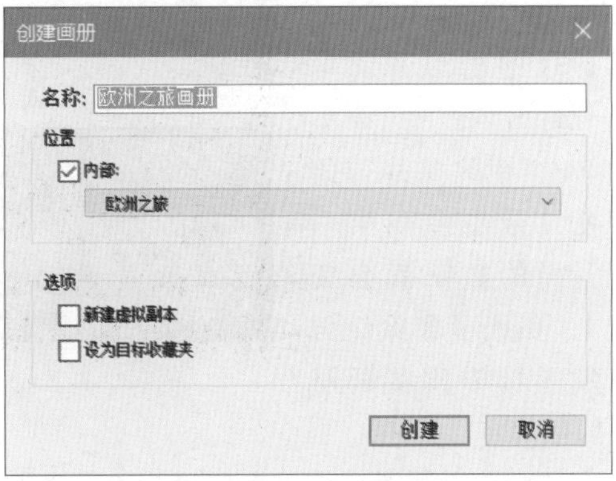

图 6-29　创建画册

此时主视图区上方出现画册的名称，而且在收藏夹中也有了这本画册，图标是一本书，见图 6-30。也可以建立专门的收藏夹集，把所有画册集中在一起。在任何其他模块中进入收藏夹，找到一本画册，单击右侧的白色箭头就会立即进入"画册"模块并打开这本画册。

图 6-30　创建的新画册

6.3.2　调整画册

对于自动排列的画册往往需要调整页面。首先检查胶片带，每张照片上的数字表示它在画册中被使用的次数，例如第一张被用作封面，同时又出现在画册里面，被使用了两次，所以显示 2，见图 6-31 中的红圈。可右击封面，在下拉菜单中单击"删除照片"，此后胶片带中左侧第一张上面的数字就会变成 1。照此可删除任何一张不希望放在画册里的照片。

图 6-31　从画册里删除不需要的照片

可以在主视图区中直接用鼠标拖动照片重新排列，并删除空白的页面。

单击主视图区左下角的三个按钮分别显示多页、两页、一页（放大）。调节右下方的"缩

览图"滑块,改变缩览图大小。在放大显示页面中
拖动照片或移动照片上面的滑块调整构图和大小。
在照片下面键入文字注释(因为在"自动布局"面板
中已设置了"添加照片文本"),见图 6-32。

可改变任何一页的布局,例如图 6-33,选中一
张照片,单击其右下角的小三角符号,在出现的菜
单中选择"2 张照片",并在下面挑选一种布局。该
页面变为上下排列的两张,可将另一张照片拖入,
并调整构图,见图 6-34。可在"单元格"面板中调整
每张照片的上下左右边距,在"参考线"面板中选择
是否显示参考线等。通过右击多出来的空白页,可
以将它删除。

图 6-32 放大观看可调整大小添加文本

图 6-33 将某一页设置为 2 张照片

图 6-34 移入另一张照片

　　若选择将某张照片跨页布局，在下面的版面中挑一种，如图 6-35 所示，指定的照片跨过页面，另外再拖一张照片到右上角。

图 6-35　跨页布局

6.3.3　添加文字

　　可以借用版面右上方的空白小照片单元格，通过添加照片文本为本页添加文字，见图 6-36。选择"文本"面板上的"照片文本"，用鼠标移动文字位置（此时光标变为手形），或通过"位移"滑块进行调整，如图 3-36 上方的红圈所示。在文本框内输入文字，在"类型"面板上设置字体、大小、颜色、间距等属性。

图 6-36　利用照片下面的文本框添加文字

页面布局和文字格式都可以保存为预设,在以后使用时只要直接调用就可复制版式。右击页面右下角的小三角符号,在下拉菜单中单击"存储为自定页面"命令,见图6-37。此后单击任何页面右下角的小三角符号,在出现的菜单中会看到"自定页面"。

图 6-37　将设置保存为自定页面

6.3.4　完成画册

最后设置封面和封底,见图6-38。单击封面封底右下的小三角符号,在出现的版面中选择一种,然后将照片拖入。在封面、封底、书脊分别键入文字,并在"文本"和"类型"面板中设置字体、大小、颜色、行距等属性。

图 6-38　封面和封底

图 6-39 是完成的相册，可将画册导出为 PDF 格式（见图 6-38 右侧红圈内），会生成两个 PDF 文档，一个是封面封底，另一个包含所有页面。如导出为 JPEG 格式，则每页生成一个 JPEG 文档，另加封面和封底。

图 6-39　完成的画册

6.3.5　制作画册提要

画册用于打印并装订成册，可以选择多种布局并适当调整、添加文字，制作好的画册可导出为 PDF 或 JPEG 文件，然后直接打印。

➤ 将需要编入画册的照片放在一个收藏夹里。

➤ 选择画册类型：PDF 或 JPEG。

➤ 设置画册版面：如选择"缩放以填充"。确定画册尺寸。

➤ 颜色配置文件选 sRGB，分辨率选 240ppi。

➤ 自动布局，每页一张照片。通过"自动填充"将照片加入画册。

➤ 单击"创建已存储的画册"命令，在弹出来的对话框中输入画册名称，保存在收藏夹中。

➤ 可对布局进行调整，例如删去照片，设置一页多张照片，设置跨页照片，利用添加照片文本添加文字等。

➤ 设置封面和封底，添加文字。

➤ 导出为 PDF 或 JPEG。

6.4　幻灯片放映

Lightroom 提供幻灯片放映功能,可在 Lightroom 环境下直接播放,也可以将幻灯片导出为视频或 PDF 文件。

6.4.1　幻灯片放映设置

进入"幻灯片放映"模块,右侧有"选项""布局""叠加""背景""标题""音乐""回放"7 个操作面板。图 6-40 展开的是"选项"面板,其中选择了"绘制边框",设置成 2 个像素宽的粉红色边框,以及较淡的投影(酌情设定不透明度、位移、半径、角度)。

图 6-40　幻灯片选项设置

也可单击"缩放以填充整个框"使照片充满画框,本例中若在水平方向充满画框则照片上下方会被裁剪。对于垂直构图照片,上下被裁去部分很大,使画面不完整。可用鼠标单击画面以移动图像,逐张调整构图,如图 6-41 所示,原来是垂直构图的照片裁去上下变为横向构图,若不调整则建筑物不完整,见图 6-41(a)。上下移动照片使露出部分达到满意效果,见图 6-41(b)。

(a)

(b)

图 6-41　缩放填充整个框需要调整构图

图 6-42 是展开的"布局"面板，用于设置左右上下边框，确定照片框在屏幕上的大小和位置。这里已将四边链接，使它们相等，同步调整为 20 像素，参看图 6-44 主视图区中图像周围的空隙，该图中显示了参考线，参考线仅在设置时显示，播放时会隐去。

"叠加"面板上的调整项目稍多：设定在每张幻灯片上是否显示身份标识、添加水印、显示照片星级、叠加文本，见图 6-43(a)。

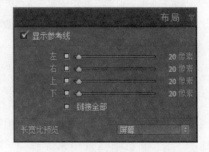

图 6-42　布局面板

选择"身份标识"后，单击图片右下方小三角符号会弹出如图 6-43(b)所示的身份标识编辑器，可选择图形和文本两种标识，图中选择了图形标识。身份标识将显示在每张幻灯片左上角，可调整它的大小和不透明度。若要避免对画面的干扰，可不选它。

选择"添加水印"并单击右侧的双箭头符号，可在下拉菜单中选择已创建的水印，或编辑生成新的水印。图中没有选择星级和叠加文本。

（a）　　　　　　（b）

图 6-43　叠加面板和身份标识编辑器

"背景"设置见图 6-44，可选择单色背景或图形背景，可设置渐变程度和角度。要用图像作为背景，可将图像拉到"背景图像"栏内的框中。这里将背景图像处理成了高调的浅色（制作方法见第 6.5.2/6 节）。

图 6-44　背景设置

"标题"面板用于设计动画片的"介绍屏幕"和"结束屏幕"。图 6-45 中的例子是用图片做封面，用文字做封底。可调整比例改变图片大小和文字的大小、字体、颜色等属性。

Lightroom 以往的版本是在"回放"面板中添加音乐，并且只能添加一首曲子。版本 6/CC 增加了"音乐"面板，并结合"回放"面板增强了功能，见图 6-46（图中左侧是 6/CC 的"音乐"和"回放"面板，右侧是 Lightroom 5 的"回放"面板）。在"音乐"面板上显示添加了两首曲子，单击"＋"号可继续添加音乐，单击"－"号可删除。在"回放"面板上设置播放功能。选中"将幻灯片与音乐同步"时，会根据音乐的长度自动设置每张幻灯片播放时间。在幻灯片中除照片之外，也可以插入视频片段，音频平衡用于调节添加的音乐和视频伴音的音量比例。"平移和缩放"（Pan and Zoom）控制幻灯片切换时的渐变效果，即画面移动进入视野和缩放的程度，若取消选择，切换时就没有渐变过渡，会显得较生硬。下面一项用于选择结束后是否重复播放，以及是循环依次播放还是随机播放。最后选择播放图像的品质，（有 3 种：草稿、标准、高），一般情况建议选择"标准"。若用高分辨率大尺寸投影机展示，需选择"高品质"，但渲染时间会比较长。

设置完毕，单击主视图区上部的"创建已存储的幻灯片"命令，在弹出的对话框中键入幻灯片名称（见图 6-47），单击"创建"按钮，以收藏夹的形式将幻灯片设置保存在某一收藏夹集（或普通收藏夹）之下。

图 6-45　标题和结束屏幕设置

图 6-46　音乐和回放，右侧是 Lightroom 5 的回放面板

图 6-47　创建已存储的幻灯片

幻灯片包括胶片网格中的所有照片,下次播放只要单击它就能很快播放。

6.4.2 播放和导出

播放

图 6-48 位于幻灯片放映模块的下部,此时左右两侧面板都处于展开状态。右侧的两个按钮中,"预览"用于快速检查设置状况,"播放"用于在电脑上全屏播放。如果照片较多,则需要等待一段时间,这和照片导出的情况类似,因为 Lightroom 要将目录中记录的处理过程加载到照片上(渲染)以便显示。如电脑有外接的第二个显示器(参看第 2.6.3 节),可选用哪个显示器播放幻灯片,单击外接显示器右上角的"播放"按钮即可用它播放,此时主机的主视图区变黑。

图 6-48 幻灯片播放和导出

如果创建了已存储的幻灯片,可从"图库"或"修改照片"模块方便地选择要播放的幻灯片,进入"幻灯片放映"模块进行播放。图 6-49 中,收藏夹"周浦花海"下有收藏夹"幻灯片放映"(图标上有一个黑色小三角符号),其中有 58 张照片。光标指向数字 58 右侧时会出现白色箭头,并显示文字说明"打开幻灯片放映"。单击白色箭头进入幻灯片放映模块,然后单击右下方"播放"按钮。

图 6-49 从图库或修改照片模块进入幻灯片放映

导出

利用图 6-48 左侧所示两个导出按钮可导出为 PDF 文档或 MP4 格式的视频文件。如导出视频文件，要选择分辨率，见图 6-50。

除使用图 6-48 中的按钮外，也可通过菜单项"播放"和"幻灯片放映"进行操作，见图 6-51。此时还可选择逐张播放，或"导出为 JPEG 幻灯片放映"。显然，导出为 PDF 或 JPEG 时不会带有嵌入的音乐，如要保留音乐必须导出 MP4 视频。

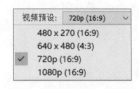

图 6-50　选择视频分辨率

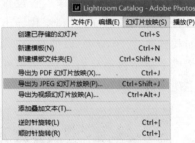

图 6-51　通过菜单播放和导出幻灯片

6.4.3　幻灯片放映提要

不需要离开 Lightroom 环境就可以连续播放一个收藏夹中的照片，可进行多种个性化设置。可将幻灯片导出为 MP4 文件或 PDF 文件。

- ➢ 将需要播放的照片添加至一个收藏夹。
- ➢ 进入幻灯片放映模块，依次通过右侧操作面板进行设置。
- ➢ 在"选项"面板设定边框和投影属性。可考虑选中"缩放以填充整个框"。
- ➢ 通过"布局"设置照片四周边框大小。
- ➢ 在"叠加"面板上设置身份标识、水印、背景。
- ➢ 在"标题"面板上设置幻灯片的开始和结束，即封面和封底。
- ➢ 添加音乐，并在"回放"面板上设置放映模式。
- ➢ 选择主视图区上部"创建已存储的幻灯片"命令，以收藏夹的形式将幻灯片设置保存起来以便随时播放。
- ➢ 完成设置后，单击右下角的"播放"按钮开始播放。
- ➢ 单击右下角的按钮，将幻灯片导出为 MP4 格式视频或 PDF 文件。

6.5　打印

数码照片在电脑或手机屏幕上显示，或者投射在幕墙上，可以满足展示和欣赏作品的需要。照片的电子版本具有成本低，便于传输分享的优点，但它毕竟是"挥发性"的，电源一关就看不到了。数码时代仍然需要硬拷贝，就像电子书和网页不能取代纸质书籍和报纸一样。Lightroom 具有方便的打印输出功能，既能直接在连接电脑的打印机上打印，也可以输出到 JPEG 文件，方便送到冲印店去处理。

6.5.1 软打样

你也许有这样的经验，在电脑上调整好的照片，打印出来色彩会显得不一样，有时甚至令人失望。这是因为你的显示屏和打印机（冲印店的设备）表现颜色的特性有差异。照片软打样（Soft Proofing）是 Lightroom 4 以后的新功能，它使你能预见照片离开 Lightroom 以后的情况，特别是对于打印和上网效果进行评估。如果会发生较大变化，就可在 Lightroom 内进行校正。

注意 软打样功能并不在“打印”模块，而是在“修改照片”模块。在“修改照片”模块中，找到主视图区下面工具栏上的“软打样”，见图 6-52。如果工具栏隐藏不见，按 T 键使之出现（再次按 T 键可隐藏它）。如果“软打样”未显示在工具栏中，单击工具栏右侧的三角符号，在下拉菜单中选择显示“软打样”。

图 6-52 软打样

指定一张照片，选择“软打样”命令（或按快捷键 S，再按一次可撤销选择），照片周围的背景变为白色，以模拟打印纸的环境（右击白边在下拉菜单中可选择其他灰度）。直方图面板此时改名为“软打样”，并在下面出现相关信息。见图 6-53。注意：这里选择了色彩配置文件 **AdobeRGB**。

图 6-53 打样预览

直方图右上角有一个带折角的图标，将光标指向它或单击它可指示打印中可能存在的问题。光标放在图标上时会变成手指状，并出现文字说明"显示目标色域警告"，见图 6-54。此时如照片上出现红色区域，表示这些区域的颜色超出了打印机能表现的范围。单击折角图标以保持红色区域，以便移开光标后能进行操作。降低整体饱和度或鲜艳度可使红色标记消失，但这会使整张照片的饱和度或鲜艳度下降，故不是解决问题的办法。

图 6-54　显示打印可能出现问题的区域

有两个办法可解决部分区域超出打印范围的问题。

（1）用调整画笔降低问题区域饱和度：选择调整画笔（见第 4.1 节），双击"效果"二字（见图 6-55（a）中的红圈）使所有滑块复位，左移饱和度滑块，例如移到－65，用画笔刷红色区域使之消失，见图 6-56。然后尝试将饱和度滑块右移到刚好要出现红色警告为止。在操作过程中出现对话框询问时（见图 6-55（b）），应单击"创建打样副本"（它是一个虚拟副本，见图 6-56 中胶片带上的红圈）按钮，以保持照片原来的版本不受影响。

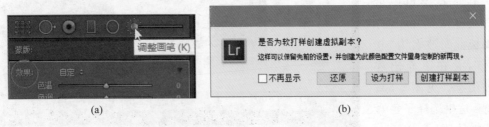

(a)　　　　　　　　　　　　　(b)

图 6-55　启用调整画笔降低问题区域饱和度

（2）用 HSL 工具和 TAT 降低局部区域饱和度或调整色相：以图 6-57 为例，在 HSL 面板中选择"饱和度"，单击 TAT 图标（图中小红圈），在问题区域将 TAT 向下拖动降低该

图 6-56　用调整画笔描绘过饱和区域

图 6-57　用 TAT 降低问题区域饱和度

区域饱和度（见主视图区中的红圈），直到问题消失。有时也可用 TAT 调整局部区域色相，方法和调整饱和度类似，上下移动 TAT 使问题消失，但要注意，这有可能影响其他区域的颜色。

要解决照片在网页上显示可能出现的色域问题，单击直方图左上角屏幕状图标，注意应将配置文件改为 sRGB，见图 6-58。单击屏幕状图标，超过屏幕显示色域的地方会显示蓝色，可用与上面所述的相同方法消除色域的问题。

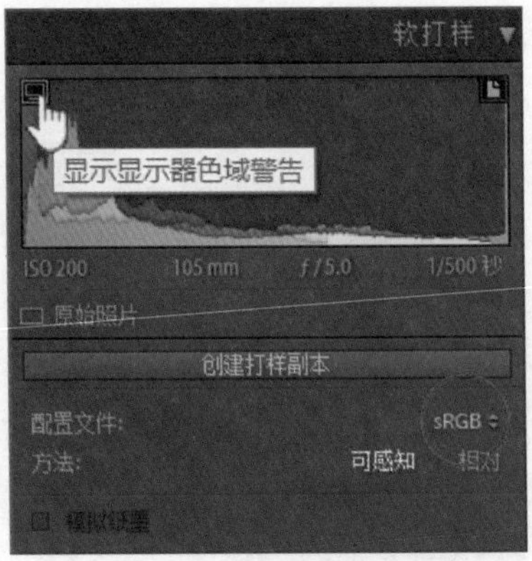

图 6-58　检查网页显示中的色域问题

6.5.2　打印设置

打印机和纸张设置

Lightroom 包含功能强大的照片打印模块，比我们曾经尝试过的各种软件都好。首先连接到你的打印机，安装好驱动程序。进入 Lightroom 的"打印"模块，单击左下方的"页面设置"按钮，在弹出的"打印设置"对话框中选择你的打印机、纸张大小、方向，见图 6-59。

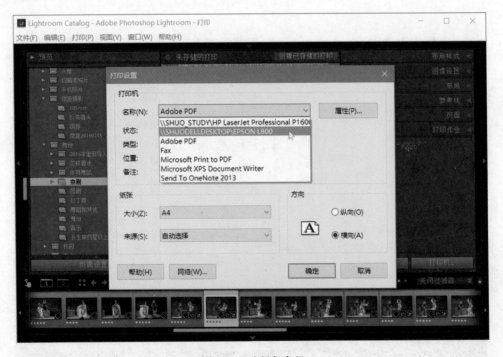

图 6-59　选择打印机

这里选择了连接在电脑上的打印机 EPSON L800，展开"打印设置"对话框中的"大小"，列出该打印机支持的各种纸张尺寸，如图 6-60 所示。例如，选择"5×7 英寸"照相纸（"127×178 毫米"），横向打印。

下一步，单击"打印设置"对话框中的"属性"按钮，在弹出的打印机"属性"对话框中进行相应的设置，这并不是 Lightroom 的界面，而是对打印机进行设置，图 6-61 是 EPSON L800 的情况。进行了适当设置后，单击"确定"按钮以关闭对话框。

打印单张图像

选定一组照片，在主视图区中会显示第一张，并在左上角叠加打印机和纸张信息。按 I 键可显示/隐藏叠加信息。可按住 Ctrl 键（对于 Mac 计算机则是 Command 键）在胶片带中选择更多的照片，当然也可去掉几张。

展开打印模块左侧的"模板浏览器"面板，尝试选择一种 Lightroom 预设，例如"1 大（带边框）"，主视图区中即变为相应的页面布局，见图 6-62。

在图 6-62 主视图区里显示了版面参考线，细线是页面的最大打印边界（Page Margins），粗线是图像单元格。显示的照片上下已经顶格，左右则留有空白，因为照片和单元格的长宽比不同。展开左侧的"参考线"面板，可选择显示或隐藏参考线。

展开"图像设置"面板，选中"缩放以填充"，将照片放大充满整个单元格，但上下部分被裁剪。可移动滑块或直接拉动参考线，并在单元格中移动图像，调整布局使构图合理，见图 6-63。

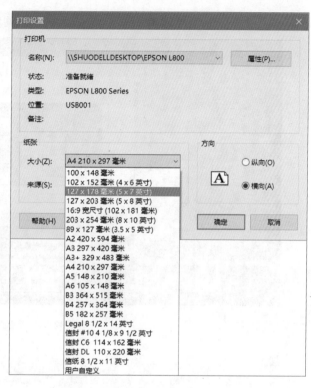

图 6-60　选择纸张

图 6-61　设置打印机属性

图 6-62　应用模板

图 6-63　调整布局

　　又如图 6-64 所示，要在纵向纸面上打印横向照片。调整"布局"面板的单元格大小和边距，使整张照片出现在中间偏上的位置，如图 6-64(a)所示。或者进一步减小高度，使长宽比达到 16：9，如图 6-64(b)所示。

　　增大高度，减小宽度，如图 6-65(a)所示。用鼠标移动照片使人物出现在单元格中的合适位置，见图 6-65(b)，注意，此时光标变为手掌形。

　　选中"保持正方形"，图像单元格变成了正方形。移动高度或宽度改变正方形大小，它们现在同步移动。也可用鼠标直接拉动主视图区中图像单元格的参考线，见图 6-66，注意，此时光标变成了双箭头。

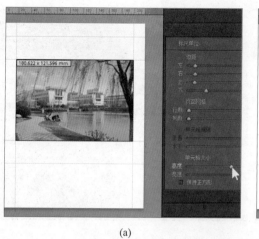 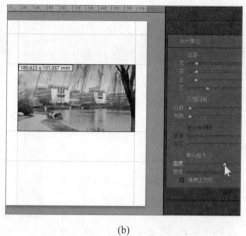

(a)　　　　　　　　　　　　　　　　(b)

图 6-64　调整单元格和边距得到不同布局

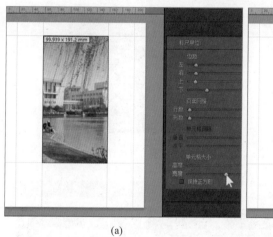 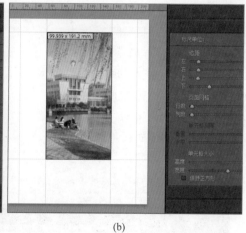

(a)　　　　　　　　　　　　　　　　(b)

图 6-65　改为垂直构图

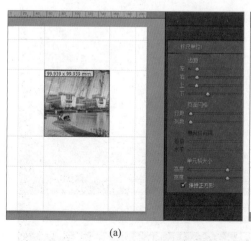 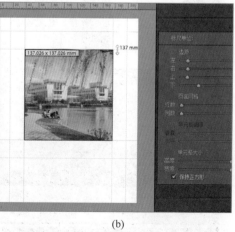

(a)　　　　　　　　　　　　　　　　(b)

图 6-66　图像保持为正方形

现在改变背景颜色。展开下面的"页面"面板，选择"页面背景颜色"，并单击右侧的颜色选择器，用鼠标选取其中的颜色，此时光标变为吸管状。可尝试多次选择颜色，直到满意。可选择任何背景颜色，见图 6-67，这里关闭了参考线。

展开右侧上面的"布局样式"面板，可见当前使用的式样是"单个图像/照片小样"，见图 6-68。

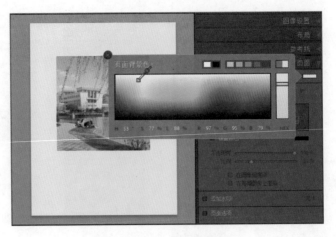

图 6-67　改变背景颜色

打印多张照片小样

现在创建包含多张照片的小样。在收藏夹中选择 16 张照片，用鼠标在左侧的"模板浏览器"面板中移动，找到一种小样布局，例如"2×2 四方格"，此时视图中出现 4 张照片，在下面的状态栏中显示共打印 4 张小样，第一张如图 6-69 所示。

进入"图像设置"面板，选择"缩放以填充"，现在 4 张照片均填满了

图 6-68　布局样式

图 6-69　打印 16 张照片小样，每页 4 张

各自的单元格,用鼠标移动各张照片调整露出单元格的部分,照片有横向和纵向两种构图,裁剪程度各不相同,见图 6-70(a)。图中未显示参考线。

(a)   (b)

图 6-70　填充单元格并分别调整

为了在出小样时充分利用纸张,选择"图像设置"中的"旋转以适合",其中 3 张横向构图的照片旋转了 90°以适合单元格,见图 6-70(b)。将所有选定的 16 张照片都照此做相应的调整。

如果选择"每页重复一张照片",16 张照片将印在 16 张相纸上,每张相纸上是同一张照片相同尺寸的 4 次重复。后面将讨论印制不同尺寸样张的方法。

在"模板浏览器"中找到另一个模板,例如 4×5 小样,再到收藏夹中挑选 4 张照片,将 20 张照片印在一张相纸上。选择"缩放以填充",并用鼠标调整每个单元格中的图像。由于此时单元格接近于正方形,不必选择"旋转以适合",见图 6-71(a)。注意:该模板将文件名印在照片下面。如要隐藏文件名,进入"页面"面板,取消选择"照片信息",见图 6-71(b)下方的红圈内。

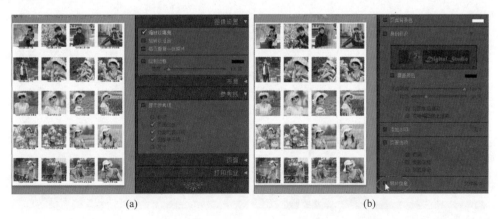

(a)   (b)

图 6-71　一张纸上印 20 张小样

创建用户模板

现在创建照片小样的用户模板。选几张照片,使用"最大尺寸"模板并关闭"旋转以适合"。在"布局"面板中，将"页面网格"下的行数调至 3，使页面上照片排列成 3 行 1 列，见图 6-72。

图 6-72　3 行 1 列布满相纸

再将列数提高到 2，单元格之间距离调为 4mm，四面的边距调为 5mm，关闭单元格参考线，见图 6-73(a)。然后在"图像设置"中开启"缩放以填充"和"旋转以适合"，见图 6-73(b)。

(a)　　　　　　　　　　　(b)

图 6-73　每张相纸印 6 张小样

要保存这种版式，单击"模板浏览器"面板右侧的"＋"号创建用户模板，在对话框中键入"2×3 小样"，单击"创建"按钮，新的用户模板就被保存了，见图 6-74。

图 6-74 保存用户模板

个性化模板

现在来创建另一个模板。按图 6-75 中的版式设置布局,选中"缩放以填充",关闭"旋转以适合",关闭参考线,在"页面"面板中启用并编辑身份标识,用鼠标将它拖放在单元格下面居中。将当前设置添加为用户模板。

现在我们将一张照片分裂成多个狭长的竖条。首先单击左下方的"页面设置"按钮,将页面设置为横向。按照图 6-76 的布局进行设置,选中"缩放以填充",关闭"旋转以适合",关闭参考线,在"页面"设置中选择背景颜色为深灰。选择一张照片,生成 4 个虚拟副

图 6-75 个性化用户模板

本,将它们连同原照片一起选中,5 个单元格显示同一张照片。暂时将水平间隔调到 0,移动各个单元格的图像使它们相互衔接,然后适当加大水平间隔,在 5 个单元格之间产生距离。

图 6-76 将一张照片分裂成几张

至此，版面中仅包含大小相同按网格排列的照片。Lightroom 还允许用户将不同大小的照片安排在页面的任何位置，不受网格的限制，接下来创建任意布局的页面样式。

如图 6-77 所示，在"布局样式"面板中选择"自定图片包"。进入"单元格"面板，单击"清除布局"将页面上已有的单元格删去。从胶片网格中将照片拖入页面，用鼠标移动照片并调整大小。如要保持长宽比，选中"单元格"面板下部的"锁定到照片长宽比"。

图 6-77　包含不同照片的版面

另一种方法是先添加"包"（Package），再将照片拖入包内。在"单元格"面板的"添加到包"栏目中，选定一种尺寸，例如 4×6 英寸，在页面上就会出现指定尺寸的包，见图 6-78。将它移到合适的位置，然后将胶片带中的照片拖入包中。图中按 I 键隐去了叠加的页面信息。

按此方法建立多个包，可以相互重叠，将照

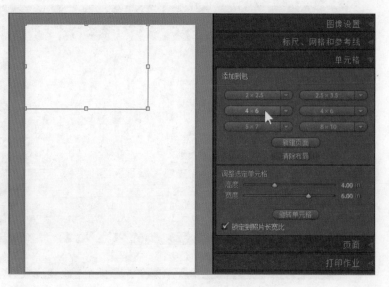

图 6-78　先添加包然后将照片拖入包里

片拖到包中,还可用一张照片作为背景。要调整照片之间的上下重叠关系,通过右击照片,在下拉菜单中选择:将指定照片向前发送、向后发送,或发送到最前面、最后面。图 6-79 的例子在"图像设置"面板中设定了照片边框和内侧描边。

图 6-79　用照片做背景

利用图片包可打印同一照片的多张不同大小版本。在"布局样式"面板中选"图片包",进入"单元格"面板,单击不同大小的按钮,利用"自动布局"等功能将不同大小的照片尽量安排在页面里,如果容纳不下,会自动生成新的一页,见图 6-80。

图 6-80　打印同一照片的多张不同大小版本

添加文字

在版面上添加文字，见图 6-81(a)。最简单的办法是进入"页面"面板，开启"身份识别"功能，单击图中右侧小红圈内的小三角符号，在出现的菜单中选择"编辑"命令，弹出身份标识编辑器(见图 6-81(b))进行编辑。单击"确定"按钮，文字将出现在页面上。可将它移动到合适的位置，移动"比例"滑块或直接拉动页面上的文字框以调整大小。通过开启"覆盖颜色"功能可选择文字颜色。单击"添加水印"右侧的双箭头符号，在出现的对话框中选择或编辑水印，图中选择了版权信息，见打印页面左下角。

要保存这一版面并记住所选照片，单击打印页面右上方"创建已存储的打印"(见图 6-81(a)红圈)，在弹出的"创建打印"对话框(见图 6-81(c))中键入名称，选中"仅包含已用的照片"后单击"创建"按钮。现在可在收藏夹中找到图标为打印机的收藏夹(见图 6-84 左侧红圈)，其中包含这几张照片。对于"自定图片包"样式，以后调出该样式时再找到相应收藏夹，需将照片一一拖入。如果是小样，照片会自动进入单元格。

(a)　　　(b)　　　(c)

图 6-81　添加文字

淡化背景的制作方法见图 6-82。进入修改照片模块，对选定的照片创建虚拟副本，在"色调曲线"面板中将直线左端向上拉到适当的高度，使直方图均匀地向右压缩。回到"打印"模块将它拖入背景单元格。图中可见，直方图向右挤压了。

在"照片小样"布局中，还有另一种添加文字的方法，见图 6-83。选中"页面"面板中的"照片信息"，在照片下方出现文字(默认为文件名)。单击右侧的双箭头符号(见图 6-83(a)中的红圈)，可在出现的对话框中选择显示的内容，或进行编辑。文本模板编辑器见图 6-83(b)，可以包括各种元数据，也可以键入任何文字。还可以在"页面选项"中选择显示页码。

图 6-82　制作背景图像

(a)

(b)

图 6-83　利用照片信息添加文字

　　按本节前面提到的方法创建已存储的打印,会产生一个图标为打印机的收藏夹,如图 6-84 中红圈所示,收藏夹"人像打印"之下有打印机形状的收藏夹"打印",其中包含 24 张照片。将光标指向数字 24 右侧会出现白色箭头,并显示文字说明"打开打印"。单击白色箭头即进入打印模块,可方便地按存储好的打印版面打印照片。

图 6-84　直接进入打印模块，按存储的版面打印照片

阴影和立体感

这是需要用到 Photoshop 的情况之一，在那里产生需要的阴影背景，再导入 Lightroom。启动 Photoshop，新建一个 6×4 英寸、分辨率为 150ppi 的文件。单击右下角右起第二个图标"创建新图层"（见图 6-85 红圈内），创建一个透明图层（"图层 1"），在它上面用"矩形选框工具"选择一个矩形区，将前景色设为黑色，用油漆桶将选区填满黑色，取消选区。

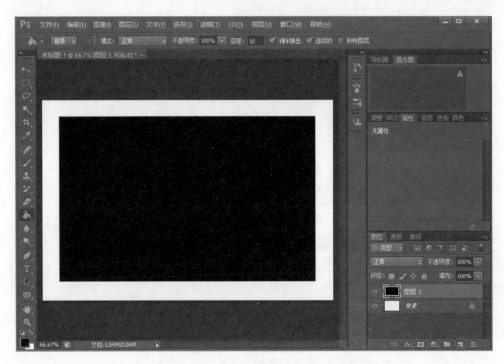

图 6-85　在 Photoshop 中创建阴影：新建黑色区域

打开"滤镜"菜单,选择"模糊"命令,弹出"高斯模糊"窗口,移动窗口下方的滑块将半径设为适当的值,例如 16,单击"确定"按钮,见图 6-86。

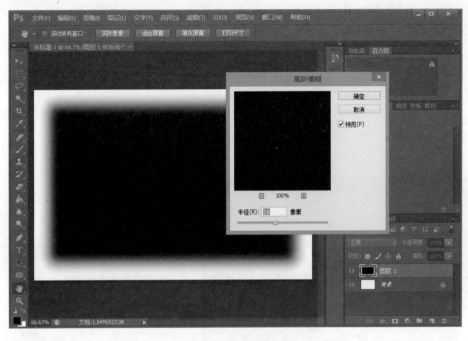

图 6-86　高斯模糊

再次使用矩形选框工具,选择一个覆盖左上部黑色区域的矩形选框,按 Delete 键将选框内的黑色像素删除,留下右下方的阴影,见图 6-87。图中所见白色是属于"背景"图层的。

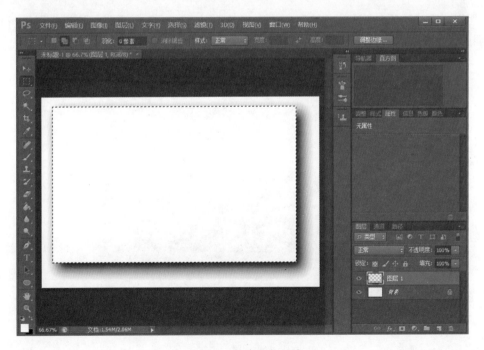

图 6-87　新建白色区域

最后取消选区，删去白色的背景图层，留下仅有阴影，其余部分均为透明的一幅图像（棋盘状网格表示透明区），见图 6-88，保存为 PNG 格式备用。PNG 支持透明，参看第 1.3.1 节。

进入"页面"面板，在"身份标识"栏中选择"编辑"命令，在弹出的对话框中选择"使用图形身份标识"命令，单击"查找文件"按钮，找到刚才保存的 PNG 文件，单击"确定"按钮，阴影框出现在页面中，仔细调节大小和位置，将照片与阴影对齐，见图 6-89。

图 6-88　删去背景留下透明区和阴影

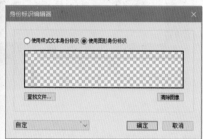

图 6-89　添加阴影

用同样方法可添加用户自制镜框，用中间透明的 PNG 格式镜框图像作为图形身份标识，调整大小使之与照片吻合，见图 6-90。

图 6-90　添加镜框

6.5.3 打印作业

打印设置

作为打印实例,在"打印"模块左侧面板上的"模板浏览器"中选择"最大尺寸"。在"布局"面板中设置边距,在"页面"面板添加身份标识和水印,见图 6-91。

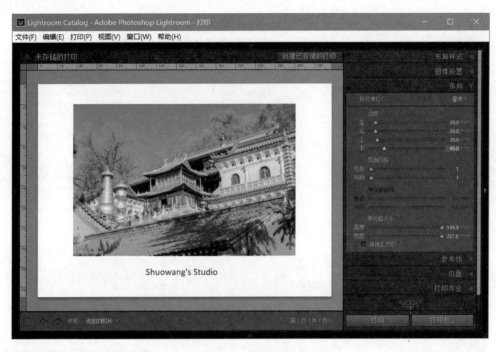

图 6-91　打印实例

展开"打印作业"面板,见图 6-92。单击"打印机"命令,在弹出的列表框中选"打印机"。若选择"草稿模式打印",下面的选项都会变灰,此时打印速度很快,可用于打印小样,对小幅面照片打印质量尚可。如果希望正常打印,就不要选中"草稿模式打印",此时可设置以下各项参数。

打印分辨率默认为 240ppi(每英寸像素数),适用于一般幅面(如 A4 即大约 12 英寸)和多数打印机。幅面大时允许较低的分辨率,例如对 22~24 英寸的幅面采用 180ppi 分辨率通常看不出分辨率不足。"打印锐化"一般可选"标准"。对于高光纸可选"高锐化"或"标准",对于亚光纸可选"低锐化"或"标准",可通过试验决定。纸张类型根据实际情况选"高光

(a) PC版

(b) Mac版

图 6-92　打印作业设置

纸"或"亚光纸"。对于 Mac 版本，还可选 16 位（见图 6-92(b)红圈），PC 版没有此选项选择。

色彩管理

在打印以前还要考虑色彩管理。要使屏幕显示和打印结果的颜色一致，必须先用硬件对两者进行校正，这里假定已经校正。

在选择"色彩管理"的配置文件时，可选"由打印机管理"或指定配置文件。如果决定由打印机管理，则应在打印机驱动程序的对话框中启动色彩管理，见图 6-92 中惊叹号右侧的提示文字。目前打印机一般都能给出良好的色彩效果。还可从打印机供应商的网站上下载配置文件，并根据所用的打印纸进行选择，具体讨论从略。如果经过校色硬件或软件校色，在"配置文件"中会出现校色时生成的配置文件，可以选它。

如选择配置文件为"其他"，则出现如图 6-93 所示对话框，其中包括你的电脑中已有的配置文件，可选择试用。

图 6-93　其他配置文件

打印

设置完毕，可以开始打印。如果直接使用联机打印机打印，单击右下角的按钮"打印机"对打印机进行设置，此时会出现如图 6-60 所示的对话框。单击右下方"打印"按钮启动打印，或单击"打印机"按钮调出打印对话框，单击"属性"按钮进行检查或设置打印机属性（参看图 6-61），然后单击"确定"按钮启动打印。

也可将页面保存为 JPEG 文件再送到冲印店去印，在"打印作业"面板上单击"打印到"右侧的双箭头，在下拉菜单中选择"JPEG 文件"，键入文件分辨率，选择打印锐化程度（低、标准、高），选择纸张类型（高光纸、亚光纸）。JPEG 品质通常应选最高值 100。可以自定打印尺寸。色彩管理建议选择最通用的 **sRGB** 以保证与打印服务提供者的系统兼容（关于色彩空间的知识参看第 1.3.4 节），见图 6-94。单击打印操作面板右下方的"打印到文件…"按钮（见红圈），将 JPEG 文件保存到指定位置。

图 6-94　打印到 JPEG 文件

6.5.4 打印提要

在 Lightroom 环境里直接打印极为方便,而且可以进行各种设置以满足不同要求。也可以生成 JPEG 文件之后实现打印。

- ➢ 可送到连接在电脑上的打印机直接打印,也可输出到 JPEG 文件送至冲印店进行打印。
- ➢ 熟悉你的打印机,设置打印机属性,选择纸张。
- ➢ 可用 Lightroom 预设布局,也可调整单元格大小、位置、边距、背景等属性。
- ➢ 打印小样可调整版面、旋转、填充单元格等,以充分利用纸张。
- ➢ 可创建个性化的用户模板,并保存起来以备今后再用。
- ➢ 灵活使用图片包、文字、边框、背景等各种功能创建特色版面。
- ➢ 色彩管理:可加载配置文件,如无把握可由打印机管理。多次尝试以达到满意效果。
- ➢ 如选择打印到 JPEG 文件,应使用最高品质 100,建议使用 sRGB 色彩空间。选择适当的纸张(高光、亚光)和适当的锐化程度。

6.6 网页制作

Lightroom 的 Web 模块用于生成网上相册。不需要网页设计软件,也无需学习网页设计技术,即可将收藏夹中的照片制作成相册直接上载至网站。Web 模块包括"布局样式""网站信息""调色板""外观""图像信息""输出设置""上载设置"共 7 个操作面板,见图 6-95。

展开的"布局样式"面板,见图 6-95 右上角,这里选择了"经典画廊",还可选其他布局,如方形画廊、网络画廊、轨道画廊,也可联机下载更多画廊布局。

图 6-95　Web 模块

图中展开的第二个面板是"网站信息"，其中输入了标题和联系信息，给出了联系信息的链接。在身份标识栏目中，单击红圈中的小三角符号可选择已经编辑保存的标识，如图所示。也可以选择"编辑"启动身份标识编辑器，这和幻灯片放映的情况是一样的，参看第 6.4.1 节以及图 6-43。

图 6-96 是其余几个面板展开的情况。"调色板"用于设定文本、背景、单元格等的颜色。"外观"用于设置网页上照片的排列，这里设定了三行五列，显示单元格编号，照片加边框。另外设置了网上照片大小为 1200 像素。"图像信息"是确定要不要显示标题和题注。"输出设置"规定了上传的 JPEG 品质为 80，并在作品上添加水印，与打印、幻灯片放映一样，参看第 6.1.2 节以及图 6-14。可确定是否要锐化，通常可以不选。

图 6-96　调色板、外观、图像信息、输出设置、上载设置

最后一项"上载设置"用于提供网上相册 FTP 服务器的有关信息，以便 Lightroom 将生成的网页上载。单击"编辑"按钮，弹出如图 6-97 所示的对话框，输入服务器名称和地址、用户信息、密码。完成后单击如图 6-95 中右下角的"上载…"按钮即可将相册发布在网上。上载相册需要注册网站，取得相应的权限。

也可以单击"导出…"按钮，将生成的网页导出到计算机，通过 FTP 客户

图 6-97　配置 FTP 文件传输

端上载,例如,可用免费的 FileZilla(https://filezilla-project.org/)。

6.7　本章小结

　　在 Lightroom 管理下,每张照片只需保存一个图像文件,就是导入时存入指定文件夹的
RAW 或 JPEG,任何多余的副本都是不必要的。目录里包含了与每张照片有关的一切信
息,只要不脱离电脑,随时都能根据目录的记载来渲染照片进行展示,或直接调出预览,因此
并不需要导出。只有当照片要离开电脑时才需导出。导出照片的几种主要情况如下:

> ➢ 导出图像文件用于分享传输,如作为邮件附件、制作 PPT、社交媒体分享等。
> ➢ 制作画册打印成册。
> ➢ 将幻灯片导出为视频或 PDF 文件。
> ➢ 将导出的图像文件送去打印,或编排版面打印至 JPEG 文件。
> ➢ 生成网上相册上载到网站。

　　除 6.2 节以外,本章各节都有操作提要,给出了最简流程。初学者只需关注一般的导出
方法,得到所需要的 JPEG 图像文件即可。强烈建议创建导出预设,经过一次设定,可大大
简化以后的手续。

附录

　　功能强大的Lightroom使我们得以高效、优质地完成后期工作，充分体验数码摄影的乐趣。新手按照最简工作流程就能快速上手，并不是非要全部掌握才能开始使用。要在使用过程中分阶段拓展技能，逐步达到熟练水平。Lightroom的快捷键很多，不必全部记住，不妨从少量常用的单键功能开始，必要时可到附录里查阅，有许多快捷键根本不必理会，你总是可以通过菜单和工具按钮进行操作。

附录 A　最简 Lightroom 工作流程

　　Adobe 于 2007 年推出 Lightroom 时，已有 20 年发展史的 Photoshop 早已成为照片处理的首选工具，PS 也作为数码后期的代名词而广为人知。随着数码摄影的普及，照片数量激增，经常会有千百张照片等待分类筛选、修饰处理、传输分发，后期工作不堪重负。在这种情况下，Lightroom 以全新面貌出现，将图像数据库与处理引擎整合在一起，采用完全不同的结构和界面，为摄影后期提供崭新平台。Lightroom 使用户能在统一环境下轻松完成从照片导入到输出分享的整个过程，因而受到摄影者的广泛欢迎。就数码照片本身而言，Lightroom 能解决几乎所有后期问题，比 Photoshop 更加方便快捷，处理效果毫不逊色。当然，如需要融合多个图像素材、移花接木、利用图层、精细计算、艺术加工，还要靠 Photoshop。为此，Lightroom 提供转入 Photoshop 并返回的便捷通道。以 Lightroom 为基本平台，以 Photoshop 为外部支撑，是一种值得推荐的数码摄影后期工作方案。

　　Lightroom 至今远不及 Photoshop 流行，一个重要原因是人们不适应新的工作模式，对照片管理的重要作用还不够了解。看似多余的导入、标注、组织工作使一些初学者却步。根据第 2.8 节对图库模块的简要归纳，实际上一开始必须掌握的基本步骤并不多。跨出这一步，很快就能体会到照片管理带来的好处。Lightroom 的图像处理引擎与 Adobe Camera Raw（ACR）完全相同，两者的操作面板和处理工具几乎一致（试比较图 A-1 和图 A-2），习惯于在 Photoshop 中用 ACR 处理 RAW 格式照片的用户轻而易举就能掌握 Lightroom 的修改照片模块。

图 A-1　ACR 的操作面板

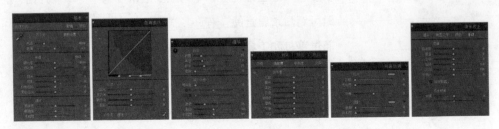

图 A-2　Lightroom 修改照片模块操作面板

下面以图表形式列出 Lightroom 的简要工作流程，帮助读者快速入门，也使有一定使用经验的用户理清思路。这些远不是书中全部内容，只是为了说明哪些是最基本的（左列），哪些可以在使用中进一步学习（右列）。初学者重点关注左侧的最基本内容，很快就能上手使用。

初学者应掌握的最基本流程		可进一步学习掌握的功能	
一、准备工作（首先阅读这几节）			
将照片集中在一个文件夹下	1.3.2/2	进行适当的个性化设置	1.3.4
推荐按照拍摄日期组织文件夹	1.3.2/2		
熟悉界面	1.3.3		
初学者接受大部分默认设置	1.3.4		

⬇

初学者应掌握的最基本流程		可进一步学习掌握的功能	
二、照片管理（带＊号的是必须优先掌握的功能）			
从存储卡导入照片＊			
理解三部曲：照片源→复制→到位	2.1.1	考虑是否构建智能预览	2.1.2/1
根据个人偏好重命名文件	2.1.2/2	考虑是否在导入时备份到外部硬盘	2.1.2/1
添加共同关键字、版权信息等	2.1.2/3	将常用导入方式保存为预设	2.1.4
		逐步将已在电脑上的照片导入目录	2.1.5
建立收藏夹＊			
将每张照片至少收入一个收藏夹	2.2.4/1	指定目标收藏夹用于收集照片	2.2.4/6
创建普通收藏夹，收入指定照片	2.2.4/4	快捷收藏夹是系统默认目标收藏夹	2.2.4/5
创建智能收藏夹，按条件收入照片	2.2.4/4	指定任何普通收藏夹为目标收藏夹	2.2.4/6
利用收藏夹集分类组织收藏夹	2.2.4/2		
照片标注＊			
对不同照片添加个性化关键字	2.2.7	添加色标表示不同意义	2.2.10/4
用旗标，星级标注照片	2.2.10/4	添加文字注释等附加信息	2.2.9
照片筛选			
在网格视图中将明显废片标为排除	2.3.1	在筛选视图中剔除较差的照片	2.3.2
移去或删除排除的照片	2.3.4	在比较视图中择优	2.3.3
按 I 键显示照片信息	2.6.1	根据文本、属性、元数据搜索照片	2.4
		利用人脸检测和识别功能组织人像	2.5
		堆叠	2.6.2
备份和目录管理			
定期备份目录：每周第一次退出时	2.7.1	新建目录	2.7.2
定期将目录和照片备份到外部	2.7.1	目录合并与迁移	2.7.3

⬇

三、修饰优化（掌握左面功能解决基本问题，参看 4.6.7 节小贴士"LR 常用处理手法"）			
初始处理			
镜头校正：启用配置文件和删除色差	3.2.2	加载相机配置文件	3.2.1
通过裁剪和旋转修正构图	3.2.3		
↓			
基本处理			
白平衡：预设、自定、白平衡选择器	3.3.1	拍摄时用灰卡作参考校准白平衡	3.3.1
色调：调整照片的亮度和对比度	3.3.2	尝试自动色调，以此为起点调整	3.3.2
偏好：适当提高清晰度和鲜艳度	3.3.3		
↓			
颜色调整			
调整色调曲线改变整体对比度	3.4.1/1	用靶状调整工具 TAT 调节	3.4.1/1
色调曲线：红绿蓝分色调整	3.4.1/2	调节色相改变局部颜色或消除偏色	3.4.2/1
用 HSL/颜色面板调整颜色	3.4.2	将彩色照片转换为黑白	3.4.2/3
		分离色调产生特效双色调照片	3.4.3
↓			
消除缺陷瑕疵			
用镜头校正手动功能纠正几何形变	3.5.1/1	利用 Upright 功能校正照片	3.5.1/2
利用"细节"面板降低噪点	3.5.2	用预设进行锐化	3.5.3
提高锐度	3.5.3	清除较复杂的杂物干扰	4.6.6/2
用污点去除工具清除小块污渍	3.5.4	去除红眼	3.5.5
↓			
照片合并			
		HDR 合成	3.6.1
		全景合成	3.6.2
↓			
局部修饰			
设置调整画笔	4.1.1	保存用户预设	4.1.1
用调整画笔改变局部亮度	4.1.2	用画笔产生特效	4.1.4
用调整画笔改变其他属性	4.1.3	用渐变滤镜画笔功能控制滤镜效果	4.2.2
用渐变滤镜使天空更蓝	4.2.1	用镜头校正产生人为暗角抑制干扰	4.3
用径向滤镜重新布光突出主题	4.4.1	用径向滤镜和画笔抑制干扰	4.4.2
↓			
调用 Photoshop			
		用 PS 处理 LR 不能解决的问题	4.5
↓			
高效处理			
将一张照片的处理同步到其他照片	5.1.1	自动同步处理多张照片	5.1.2
创建虚拟副本获得照片的不同版本	5.4	应用系统预设快速处理照片	5.2.1
		创建个性化预设	5.2.2
		查看处理历史，创建快照	5.5

⬇

四、输出分享（暂时只要关注左面一项）			
照片导出	6.1	幻灯片放映及导出为视频	6.4
		直接打印或打印到文件	6.5

附录 B　Mac 版 Lightroom

Mac 版 Lightroom 界面见图 B-1，与 PC 版并无原则差异。用户界面主要区别是将 PC 版"首选项""目录设置""设置身份标识""编辑水印"这几项从"编辑"菜单移到了"Lightroom"下面。

图 B-1　Mac 版 Lightroom 界面

其他差异与键盘有关，主要影响到快捷键的定义。Mac 计算机键盘见图 B-2，PC 的 Alt 键对应于 Mac 计算机的 Option 键，PC 的 Ctrl 键则对应于 Mac 计算机的 Command 键（⌘）。根据两者的对应关系，对附录 D 中所列快捷键只要做相应改变即可用于 Mac 计算机。例如，在修改照片模块中，PC 版快捷键为 Ctrl＋Alt＋F，对于 Mac 计算机则是 Command＋Option＋F。

图 B-2　Mac 计算机键盘

Mac 计算机也有 Control 键，但其功能不同于 PC 的 Ctrl 键。PC 电脑中常用的右击鼠标出现下拉菜单，在 Mac 计算机中可通过 Control＋左键单击来实现。

附录 C　不同版本的 Lightroom

（1）2007 年 2 月：Adobe 推出 Lightroom 1.0。

（2）2008 年 7 月：推出 2.0 版本，增加了局部处理，改进了照片组织工具，支持多显示器，有了更灵活的打印选项，支持 64 位处理器。同时推出了 DNG 格式标准和 Camera Raw 4.5。

（3）2009 年 10 月：公布 3.0 Beta 版，2010 年 3 月推出第二个 Beta 版，同年 6 月推出 LR3 正式版。包含消除颜色噪点、改进锐化功能、新的导入伪模块、水印、颗粒化、发布服务、个性化打印包、改进亮度噪点的消除、支持 Nikon 和 Cannon 的联机拍摄、基本视频文件支持、点曲线。

（4）2012 年 3 月：推出 4.0 版，不再支持 Windows XP。新功能包括高光和阴影细节恢复、相册模块及相册模板、GPS 支持、白平衡刷子用于调整指定区域的白平衡、增强的局部处理功能用于消除指定区域的噪点和摩尔条纹、扩展的视频支持、支持 Facebook 和 Flickr 的视频发布功能、软打样、直接发送 Email。

（5）2013 年 6 月：推出 5.0 版，新增功能包括椭圆区域的径向梯度、高级修补和仿制工具用于污点消除、智能预览可实现脱机工作、书籍模块可保存用户版面、支持 PNG 格式、幻灯片支持视频文件、各种功能升级如自动透视畸变校正和智能收藏夹。

（6）2015 年 4 月：正式推出 6.0 版，是首个仅支持 64 位系统的版本。功能的升级包括支持 GPU 加速、人脸检测和搜索、HDR/全景合成、渐变滤镜和径向滤镜的画笔功能等。

（7）2016 年 1 月：6.4 版，增加了对新型号相机 RAW 的支持，新的镜头配置文件，消除了导入视频的 bug，改进了全景合成功能。2016 年 7 月推出了 Lightroom for Apple TV。

对于 4 个版本的比较见表 C-1，其中，"Y"表示具备对应的功能，"—"表示不具备该功能。

表 C-1　Lightroom 3.0、4.0、5.0、6.0 的比较

功　　能	3.0	4.0	5.0	6.0
处理引擎	PV2010	PV2012	PV2012	PV2012
支持 Windows XP	Y	—	—	—
支持 32 位系统	Y	Y	Y	—
GPS 功能	—	Y	Y	Y
局部白平衡调整	—	Y	Y	Y
消除指定区域的噪点和摩尔条纹	—	Y	Y	Y
支持 Facebook 和 Flickr 的视频发布	—	Y	Y	Y
软打样	—	Y	Y	Y
直接发送 Email	—	Y	Y	Y
椭圆区域径向滤镜	—	—	Y	Y
高级修补和克隆工具用于污点消除	—	—	Y	Y
智能预览可实现脱机工作	—	—	Y	Y
画册模块中保存用户版面	—	—	Y	Y
支持 PNG 格式	—	—	Y	Y
幻灯片支持视频文件	—	—	Y	Y
自动透视畸变校正（Upright）	—	—	Y	Y
智能收藏夹功能增强	—	—	Y	Y

功　　能	3.0	4.0	5.0	6.0
GPU 加速功能	—	—	—	Y
收藏夹过滤功能	—	—	—	Y
人脸检测和搜索	—	—	—	Y
HDR/全景合成	—	—	—	Y
渐变滤镜/径向滤镜的画笔功能	—	—	—	Y
幻灯片添加多首音乐	—	—	—	Y
网上相册浏览体验的改进	—	—	—	Y

附录 D　快捷键

D.1　全部快捷键

在 Lightroom 各模块中展开"帮助"菜单，单击相应的快捷键选项就能看到该模块全部快捷键，如图 D-1～图 D-7 所示。对于 Mac 计算机，将 Alt 键换成 Option 键，将 Ctrl 键换成 Command(⌘)键就可以了。

视图快捷键

Esc	返回前一个视图
Enter	进入放大视图或1:1视图
G	进入网格模式
E	进入放大视图
C	进入比较模式
N	进入筛选模式
O	进入人物模式
Ctrl+Enter	进入即席幻灯片放映模式
F	全屏预览
Shift+F	切换到下一个屏幕模式
Ctrl+Alt+F	返回正常屏幕模式
L	切换背景光模式
Ctrl+J	网格视图选项
J	切换网络视图
\	显示/隐藏过滤器栏

星级快捷键

1-5	设置星级
Shift+1-5	设置星级并移到下一张照片
6-9	设置色标
Shift+6-9	设置色标并移到下一张照片
0	将星级复位为无
[	降低星级
]	提升星级

旗标快捷键

	切换旗标状态
Ctrl+向上键	提升旗标状态
Ctrl+向下键	降低旗标状态
X	设置排除旗标
P	设置留用旗标

目标收藏夹快捷键

B	添加到目标收藏夹
Ctrl+B	显示目标收藏夹
Ctrl+Shift+B	清除快捷收藏夹

照片快捷键

Ctrl+Shift+I	导入照片和视频
Ctrl+Shift+E	导出
Ctrl+[	逆时针旋转
Ctrl+]	顺时针旋转
Ctrl+E	在Photoshop中编辑
Ctrl+S	将元数据存储到文件
Ctrl+-	缩小
Ctrl+=	放大
Z	放大到100%
Ctrl+G	堆叠照片
Ctrl+Shift+G	取消照片的堆叠
Ctrl+R	在资源管理器中显示
Backspace	从图库中移去
F2	重命名文件
Ctrl+Shift+C	复制修改照片设置
Ctrl+Shift+V	粘贴修改照片设置
Ctrl+向左键	上一张选定的照片
Ctrl+向右键	下一张选定的照片
Ctrl+L	启用/禁用图库过滤器
Ctrl+Shift+M	通过邮件发送选定照片

面板快捷键

Tab	显示/隐藏两侧面板
Shift+Tab	显示/隐藏所有面板
T	显示/隐藏工具栏
Ctrl+F	激活搜索字段
Ctrl+L	激活关键字输入字段
Ctrl+Alt+向上键	返回前一模式

图 D-1　图库快捷键

编辑快捷键

Ctrl+U	自动调整色调
V	转换为黑白
Ctrl+Shift+U	自动调整白平衡
Ctrl+E	在Photoshop中编辑
Ctrl+N	新键快照
Ctrl+'	创建虚拟副本
Ctrl+[	逆时针旋转
Ctrl+]	顺时针旋转
1-5	设置星级
Shift+1-5	设置星级并移到下一张照片
6-9	设置色标
Shift+6-9	设置色标并移到下一张照片
Ctrl+Shift+C	复制修改照片设置
	将显示一个询问复制哪些设置的对话框。
Ctrl+Shift+V	粘贴修改照片设置

输出快捷键

Ctrl+Enter	进入即席幻灯片放映模式
	根据当前的幻灯片放映模块设置，在幻灯片放映中播放当前选中的照片。
Ctrl+P	打印选中的照片
Ctrl+Shift+P	页面设置

导航快捷键

Ctrl+向左键	上一张照片
Ctrl+向右键	下一张照片

视图快捷键

Tab	隐藏两侧面板
Shift+Tab	隐藏所有面板
Ctrl+Tab	特环垂直模式
T	显示/隐藏工具栏
F	全屏预览
Shift+F	切换屏幕模式
Ctrl+Alt+F	转到正常屏幕模式
L	切换背景光模式
Ctrl+Shift+L	转到背景光变暗模式
Ctrl+Alt+向上键	转到前一模块
Ctrl+I	显示/隐藏叠加信息
I	切换叠加信息
Ctrl+J	修改照片视图选项
S	显示/隐藏软打样预览

模式快捷键

R	进入裁剪模式
Q	进入污点去除模式
Shift+T	切换污点类型
M	进入渐变滤镜模式
Shift+M	进入径向滤镜模式
K	进入调整画笔模式
D	放大视图
Y	左右并排显示修改前与修改后的照片
Alt+Y	上下并排显示修改前与修改后的照片

工具快捷键

X	旋转裁剪
O	显示/隐藏蒙版叠加
H	显示/隐藏标记

图 D-2　修改照片快捷键

地图快捷键

Backspace	删除GPS坐标
Ctrl+Backspace	删除所有位置元数据
	从选定照片中删除城市、省/直辖市/自治区、国家/地区和GPS坐标元数据。
Ctrl+K	锁定标记
	防止在地图中拖动照片标记。
Ctrl+F	搜索
	按照地址和地名搜索地图。
Ctrl+Alt+T	下一个跟踪日志
Ctrl+Alt+Shift+T	上一个跟踪日志

地图样式快捷键

Ctrl+1	混合
Ctrl+2	路线图
Ctrl+3	卫星
Ctrl+4	地形
Ctrl+5	亮
Ctrl+6	暗

视图快捷键

I	显示/隐藏地图信息
O	显示/隐藏存储的位置叠加
\	显示/隐藏过滤器栏
T	显示/隐藏工具栏
-	缩小
=	放大
Alt(按住)	拖动缩放
Tab	隐藏两侧面板
Shift+Tab	隐藏所有面板
Ctrl+Alt+向上键	转到前一模块

图 D-3　地图快捷键

幻灯片放映快捷键

Enter	播放幻灯片
Alt+Enter	预览幻灯片放映
空格键	暂停幻灯片放映
Esc	结束幻灯片放映
Ctrl+J	导出为幻灯片-PDF
Ctrl+Shift+J	导出为幻灯片-JPEG

视图快捷键

Tab	隐藏两侧面板
Shift+Tab	隐藏所有面板
Ctrl+Alt+向上键	转到前一模块
Ctrl+Shift+H	显示参考线

模式快捷键

F	全屏预览
Shift+F	切换屏幕模式
Ctrl+Alt+F	转到正常屏幕模式
L	切换背景光模式
Ctrl+Shift+L	转到背景光变暗模式

目标收藏夹快捷键

B	添加到目标收藏夹
Ctrl+B	显示目标收藏夹
Ctrl+Shift+B	清除快捷收藏夹

图 D-4　幻灯片放映快捷键

视图快捷键	
Ctrl+Shift+向左键	转到第一页
Ctrl+向左键	转到上一页
Ctrl+Shift+向右键	转到最后一页
Ctrl+向右键	转到下一页
Ctrl+E	多页视图
Ctrl+R	跨页视图
Ctrl+T	单页视图
Ctrl+U	缩放的页面视图

参考线快捷键	
Ctrl+Shift+G	显示参考线
Ctrl+Shift+H	显示填充文本
Ctrl+Shift+K	显示照片单元格
Ctrl+Shift+J	显示页面出血
Ctrl+Shift+U	显示文本安全区

用户界面快捷键	
Tab	隐藏两侧面板
Shift+Tab	隐藏所有面板
Ctrl+Alt+向上键	转到前一模块
Ctrl+Alt+A	选择所有文本单元格
Ctrl+Alt+Shift+A	选择所有照片单元格

模式快捷键	
F	全屏预览
Shift+F	切换屏幕模式
Ctrl+Alt+F	转到正常屏幕模式
L	切换背景光模式
Ctrl+Shift+L	转到背景光变暗模式

图 D-5　画册快捷键

打印快捷键	
Ctrl+P	打印机
Ctrl+Alt+P	打印
Ctrl+Shift+P	页面设置

视图快捷键	
Ctrl+Shift+向左键	转到第一页
Ctrl+向左键	转到上一页
Ctrl+Shift+向右键	转到最后一页
Ctrl向左键	转到下一页

页面额外信息快捷键	
Ctrl+Shift+G	显示参考线
Ctrl+Shift+H	显示边距与装订线
Ctrl+Shift+K	显示图像单元格
Ctrl+Shift+J	显示页面出血
Ctrl+R	显示标尺

用户界面快捷键	
Tab	隐藏两侧面板
Shift+Tab	隐藏所有面板
Ctrl+Alt+向上键	转到前一模块

模式快捷键	
F	全屏预览
Shift+F	切换屏幕模式
Ctrl+Alt+F	转到正常屏幕模式
L	切换背景光模式
Ctrl+Shift+L	转到背景光变暗模式

目标收藏夹快捷键	
B	添加到目标收藏夹
Ctrl+B	显示目标收藏夹
Ctrl+Shift+B	清除快捷收藏夹

图 D-6　打印快捷键

Web快捷键	
Ctrl+J	导出Web画廊
Ctrl+R	重新载入Web画廊

视图快捷键	
Tab	隐藏两侧面板
Shift+Tab	隐藏所有面板
Ctrl+Alt+向上键	转到前一模块

模式快捷键	
F	全屏预览
Shift+F	切换屏幕模式
Ctrl+Alt+F	转到正常屏幕模式
L	切换背景光模式
Ctrl+Shift+L	转到背影光变暗模式

目标收藏夹快捷键	
B	添加到目标收藏夹
Ctrl+B	显示目标收藏夹
Ctrl+Shift+B	清除快捷收藏夹

图 D-7　Web 快捷键

D.2 单字母快捷键

快捷键数量很多，难以全部记住。以下列出单字母快捷键列表，它们大多数比较常用，许多（不是全部）对各模块通用。为便于记忆，列出首字母与快捷键相同的英文。有些并非 Lightroom 的正式用语，例如放大视图的英文是 Loupe view，但因为快捷键是 E，为了方便记忆，表中用了与 Lightroom 英文名称不同的 Enlarge。还有 Alternate 和 Bring to targe 也是为了帮助记忆。

表 D-1   单字母快捷键列表

快捷键	功　能	英文	快捷键	功　能	英文
A	启用/关闭画笔蒙版	Alternate	N	进入筛选模式	
B	添加到目标收藏夹	Bring to target	O[1]	显示/隐藏画笔叠加	Overlay
C	进入比较模式	Compare	P	留用旗标	Pick
D	进入修改照片模块	Develop	Q	进入污点去除工具	
E	放大视图	Enlarge	R	进入裁剪工具	
F	全屏显示	Full screen	S	显示/隐藏软打样	Soft-proofing
G	网格视图	Grid view	T	显示/隐藏工具栏	Tool
H	隐藏/显示裁剪标记	Hide	U	清除旗标	Un-flag
I	切换叠加信息	Information	V	转换为黑白	
J	切换网格视图		W	进入/退出白平衡工具	White balance
K	进入/退出画笔工具		X	排除旗标、旋转裁剪	
L	熄灯/亮灯	Light	Y	水平并排显示	
M	进入/退出渐变滤镜		Z	放大到 100%	Zoom

1　Lightroom 6/CC 图库模块中，快捷键 O 为"进入人物模式"，Lightroom 5 和以往版本没有这一功能。

D.3　其他单键和 Ctrl＋单键的快捷键

表 D-2 列出了英文字母以外的单键和 Ctrl＋单键的快捷键，许多也很常用，特别是标注星级和颜色的数字键用得很多。还有一些不限于 Lightroom 使用的**通用快捷键**，如 Ctrl＋A 用于全选、Ctrl＋C 用于复制等，在许多 Windows 应用如 Office 中也被普遍使用，在它们的功能后面加了星号（" * "）。英文也是为了便于记忆，有的不一定是 Lightroom 正式使用的，例如堆叠是 Stack，表中的 Group 是帮助记忆快捷键 Ctrl＋G。

表 D-2　英文字母以外的单键和 Ctrl＋单键的快捷键

快捷键	功　　能	英文	快捷键	功　　能	英文
0	取消星级设置		Ctrl＋A	全部选择 *	All
1～5	设置星级		Ctrl＋B	显示快捷收藏夹	
6～9	设置色标		Ctrl＋C	复制 *	Copy
F2	重命名文件		Ctrl＋D	全部不选择	De-select
F5	显示/隐藏上部面板		Ctrl＋E	在 Photoshop 中编辑	
F6	显示/隐藏胶片带		Ctrl＋F	激活搜索	Find
F7	显示/隐藏左部面板		Ctrl＋G	堆叠照片	Group
F8	显示/隐藏右部面板		Ctrl＋H	删除已排除的照片	

快捷键	功 能	英文	快捷键	功 能	英文
Tab	显示/隐藏左右面板		Ctrl+I	显示/隐藏叠加信息	
/	取消当前的照片选择		Ctrl+J	修改照片视图选项	
\	显示/隐藏过滤器栏		Ctrl+K	激活关键字输入字段	Keyword
[	降低星级/缩小选区		Ctrl+L	启用/禁用图库过滤器	
]	提高星级/扩大选区		Ctrl+M	进入径向滤镜	
Enter	进入放大视图或1:1		Ctrl+N	新建快照	New
Esc	返回前一视图(图库)		Ctrl+O	打开目录	Open
Ctrl+—	缩小		Ctrl+P	打印	Print
Ctrl+=	放大		Ctrl+Q	切换污点类型	
Ctrl+[	逆时针旋转		Ctrl+R	显示标尺	Ruler
Ctrl+]	顺时针旋转		Ctrl+S	将元数据存入文件	Save
Ctrl+`	创建虚拟副本		Ctrl+T	—	
Ctrl+右	下一张照片		Ctrl+U	自动调整色调	
Ctrl+左	上一张照片		Ctrl+V	粘贴*	
Ctrl+上	提升旗标状态		Ctrl+W	—	
Ctrl+下	降低旗标状态		Ctrl+X	剪切*	
Ctrl+Enter	进入即席幻灯放映		Ctrl+Y	重做撤销的操作*	
Ctrl+Backspace	删除排除的照片		Ctrl+Z	撤销上一步操作*	

附录 E　索引①

---

　①　编辑注:本索引采用双栏排列。对于索引项,标注了对应的章节序号。

　②　编辑注:"第 2.1.2/1 节"表示第 2.1.2 节的第 1 部分内容。全书统一采用这种标注方式。